U0350624

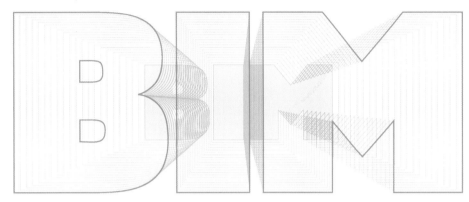

BIM 大赛获奖作品全案精解

An Essential Guide for Awarded Cases of BIM Competition

主编 谢雄耀

同济大学 出版社
TONGJI UNIVERSITY PRESS

图书在版编目(CIP)数据

BIM 大赛获奖作品全案精解 / 谢雄耀主编. --上海：
同济大学出版社,2021.6
ISBN 978-7-5608-9128-6

Ⅰ.①B… Ⅱ.①谢… Ⅲ.①建筑设计—计算机辅助
设计—作品集—中国—现代 Ⅳ.①TU201.4

中国版本图书馆 CIP 数据核字(2021)第 100238 号

BIM 大赛获奖作品全案精解
主编　谢雄耀

责任编辑	马继兰	**助理编辑**	金书婷　蒋佳辰　周锦欣	
责任校对	徐春莲	**封面设计**	唐思雯	

出版发行	同济大学出版社　　www.tongjipress.com.cn
	(地址:上海市四平路 1239 号　邮编:200092　电话:021-65985622)
经　　销	全国各地新华书店
排　　版	南京月叶图文制作有限公司
印　　刷	上海安枫印务有限公司
开　　本	889mm×1194mm　1/16
印　　张	18.75
字　　数	600 000
版　　次	2021 年 6 月第 1 版　　2021 年 6 月第 1 次印刷
书　　号	ISBN 978-7-5608-9128-6
定　　价	198.00元

内容提要

近五年来,一批高质量的 BIM 大赛受到业内人士的关注,对我国 BIM 技术的应用起到了巨大的推动作用。其中,长三角地区经济发达,工程建设量大,BIM 技术起步较早,应用的市场化程度比较高,特别是上海浦东地区,坚持改革创新之风,不断培厚 BIM 技术良好发展的学术土壤。

2020 年,上海举办了浦东新区 BIM 技术应用创新劳动和技能竞赛暨长三角区域邀请赛[简称"2020 年长三角(浦东)BIM 邀请赛"],赛制规范,高手如云,竞争激烈。比赛的成果充分体现了长三角地区在 BIM 技术应用方面的个人能力、企业实力和项目水平。为此,赛事主办方组建编委会和编写团队,精选优秀的获奖作品,并邀请行业专家进行点评,形成本书,以飨读者。

全书分为三篇。第一篇为 14 个获奖特色项目,包含了公共建筑、商业项目、工业改造建筑、主题公园项目、保障房项目、市政公用项目等不同类型优秀案例;第二篇为 6 个获奖特色方案,包含了改造解决方案、异形幕墙解决方案、交通基础设施监测解决方案、运维解决方案等实用落地的技术方案;第三篇为 4 个获奖软件,包括底层图形引擎、设计管理协同、施工管理协同、图纸档案管理等不同应用层面的软件系统。获奖的特色项目、技术方案和软件均代表了本赛事的最高水平。

此外,本书还介绍了 2020 年长三角(浦东)BIM 邀请赛中 BIM 正向设计大赛的概况,并附上大赛光荣榜、大赛组织机构和点评专家介绍。

本书内容与时俱进、精彩纷呈、图文并茂,适合工程建设领域对 BIM 有兴趣的工程师、管理人员和领导决策者阅读。

编 委 会

2020 年是浦东开发开放 30 周年,也是浦东全力实施"五大倍增行动"的起始之年。习近平总书记在长三角一体化发展座谈会上讲话指出:支持浦东在改革系统集成协同高效、高水平制度型开放、增强配置全球资源能力、提升城市现代化治理水平等方面先行先试、积极探索、创造经验,对上海以及长三角一体化高质量发展乃至我国社会主义现代化建设具有重要意义。BIM 技术,是一套基于建筑设计、施工管理、项目协同等为一体的全生命周期的管理方法,通过节约能耗、减少污染等措施实现建筑绿色节能。浦东新区总工会、建交委、发改委等部门共同打造 2020 年长三角(浦东)BIM 邀请赛的主要目的就是围绕浦东新区区委区政府中心工作,共享长三角区域的优秀 BIM 应用成果,促进岗位练兵,激发建筑产业人才创新活力,进一步促进浦东新区 BIM 技术应用能级提升,发挥浦东新区促进上海以及长三角一体化高质量发展的排头兵作用。

本次竞赛是 2020 年浦东新区五大倍增主题立功竞赛 10 个重点品牌项目之一,在竞赛主承办方和各参赛单位、参赛选手的共同努力下,竞赛整体规模远超去年,共有超过 100 家单位、203 名个人赛选手,含项目、方案及软件等共计 105 个应用成果参赛。比赛在前瞻性和创新性方面,也迈出了很大一步,特别是 BIM 正向设计等创新内容的融入,引领创新,立足长远。

劳动技能竞赛作为工会围绕中心、服务大局、彰显作为的主要载体,发挥着引领职工岗位建功、提升职工技能素质等重要作用。随着浦东金色中环发展带规划和上海全面推进城市数字化转型意见的相继出台,我希望2021 年的 BIM 邀请赛紧紧围绕"城市数字化转型"和"金色中环建设"两大主题,铆足"比"的劲头、增强"学"的主动、激发"赶"的动力、强化"超"的追求,切实形成比学赶超的竞赛氛围,在大赛影响力上进一步提高知晓率、覆盖率、参与率,在大赛内容上抓好实用性、落地性、共享性,为推进浦东高水平改革开放、打造社会主义现代化建设引领区发挥主力军作用。

李幼林

浦东新区总工会党组副书记、副主席

序 /2

数字城市,是以新时代城市现代化建设作为对象,贯彻落实数字中国总体战略,以安全可控筑牢发展基石,以需求牵引明确重点方向,以迭代发展支撑长效运营,充分发挥数据的基础资源和创新引擎作用,全面重塑经济、政治、文化、社会、生态等领域能力体系和提升发展水平,实现以信息化驱动引领城市现代化发展的新路径和新模式。目前,上海市市委、市政府已下发《关于全面推进上海城市数字化转型的意见》,浦东新区区委、区政府也提出"加快城市数字化转型,着力打造智慧便捷安全城市"的重点工作。BIM 技术作为城市数字化转型的核心技术,已被推向技术发展的风口浪尖。

浦东新区建设和交通委员会作为新区 BIM 行业业务主管单位,将以 BIM 技术应用为载体,推进区域建筑工程全过程建设的数字化转型,确保建筑工程相关数据实现在设计、施工和运维阶段的有效传递,建立区域全覆盖、全流程的建筑工程数字资产,为区域城市运行安全提供数字底座。

2020 年长三角(浦东)BIM 邀请赛作为汇聚 BIM 技术优秀应用成果及 BIM 技术菁英的载体,深度拥抱数字化,提高了浦东新区城市治理现代化的显示度,已然成为展示浦东新区精细化管理水平的重要窗口。

习近平总书记在致首届全国职业技能大赛的贺信中指出"职业技能竞赛为广大技能人才提供了展示精湛技能、相互切磋技艺的平台,对壮大技术工人队伍、推动经济社会发展具有积极作用"。希望 2020 年长三角(浦东)BIM 邀请赛,充分发挥竞赛的平台作用、展现行业技术专家的"外脑"智慧,助力推动城市数字赋能,提升基础设施服务效能,筑牢城市安全底线,为浦东率先用数字化方式创造性解决超大城市治理和发展难题,让浦东城市运行更加智慧高效、安全有序,作出应有的贡献。

赵永良
浦东新区建设和交通委员会副主任

前言

BIM 技术可实现项目设计、施工、运营全过程的预演和透明化，使得建筑设计可视、成本可算、质量可控、进度可追、安全可管、运营可期，从而实现全生命周期的质量和整体成本管控，提升协同沟通效率，为建筑工程的数字信息化奠定基础，实现实体工程和数字化工程的双交付。

我国从 2011 年开始倡导加快 BIM 技术在工程中的应用，经过十年的探索和实践，全国数十个城市已初步建立政策标准和市场环境，BIM 技术应用的经济效益和社会效益逐步显现。2020 年，国家加快了 BIM 技术推进的步伐，住房和城乡建设部、工业和信息化部等 13 部委连续两次发文，要求加快推进 BIM 技术在新型建筑工业化全生命期的一体化集成应用。国务院国有资产监督管理委员会在《关于加快推进国有企业数字化转型工作的通知》中明确要求，建筑类企业数字化转型工作的重点是实施 BIM 应用，提高 BIM 技术覆盖率，推动数字化与建造全业务链深度融合，创新管理模式和手段，助力智慧城市建设。

浦东新区作为中国改革开放的地标，"吃改革饭、走开放路、打创新牌"，已经成为上海市及长三角区域科技创新的新引擎。在新技术推广方面，浦东新区也要引领长三角，服务国家战略，做好"领头雁"，打造国内 BIM 技术应用高地。

2020 浦东新区 BIM 技术应用创新劳动和技能竞赛暨长三角区域邀请赛[以下简称"2020 年长三角(浦东)BIM 邀请赛"]由浦东新区总工会、建设和交通委员会、发展和改革委员会、科技和经济委员会、财政局及各开发管委会等单位联合举办。作为浦东新区总工会品牌竞赛项目，大赛已连续开展 3 年，并被《2020 上海市建筑信息模型技术应用与发展报告》作为上海市 BIM 行业重点活动收录，在行业产生了显著影响力。

2020 年长三角(浦东)BIM 邀请赛吸引了浦东新区、上海市及长三角区域超过 100 家单位，203 名个人建模赛选手，含 BIM 特色应用项目、方案及优秀平台或软件等共计 105 个应用成果参赛。本书收录了 2020 年长三角(浦东)BIM 邀请赛的一、二等奖获奖成果，并发布了大赛荣誉榜。

为更好地宣传展示 BIM 技术应用的工作成果，促进优秀成果推广运用，促进 BIM 技术与城市建设和管理深度融合发展，特组织出版本书。

本案例集所收录的优秀成果包含房建、市政等多个领域的工程建设项目，其中不乏地标性建筑。所展示的创新应用除了 BIM 技术外，还涉及大数据、人工智能、云计算、物联网、无人机、无人驾驶、3D 打印等高新技术。这些获奖成果经过大赛的层层比选，在大浪淘沙下脱颖而出，极具代表性和示范性，可供行业伙伴学习和参考。

案例集由各参赛单位供稿，上海市浦东新区建筑信息模型应用技术协会作为大赛主要组织方之一，对稿件进行统筹整理。同济大学出版社、有关行业专家或参与了书籍审改，或提出了修订意见，在此向各供稿单位及参与编撰工作的全体人员表示崇高的敬意和衷心的感谢！

目录

序 / 1   序 / 2   前言

CONTENTS

221　・　第三篇
　　　软件类获奖项目
　　　Awarded-winning Software Cases

BIM Awarded-winning Project Cases

第一篇

项目类获奖项目

浦东美术馆
——用数字科技雕琢黄浦江畔艺术臻品

图 1 项目效果图

1 项目概况

1.1 工程概况

浦东美术馆位于上海浦东陆家嘴地区黄浦江沿岸,东起富城路,南至明珠塔路,西至滨江大道,北邻上海国际会议中心。建筑占地约 13 000 m²,总建筑面积为 40 590 m²,地上 4 层,地下 2 层,建筑高度约 30 m,为国家《绿色建筑评价标准》(GB/T 50378—2019)二星级以及 LEED 认证级。

浦东美术馆旨在营造地区的文化氛围,形成人文化、创意化、多元功能整合的城市活力体系架构,其场馆功能以举办传统和现代艺术作品展览为主,以收藏、鉴赏、创作、公众艺术教育、国际国内艺术学术交流、文化旅游休闲等为辅。

本项目由上海陆家嘴(集团)开发建设,由著名的让·努维尔事务所负责方案设计、同济大学建筑设计研究院负责施工图设计、上海建工集团一建公司负责施工,并由上海慧之建建设顾问有限公司担任全过程 BIM 技术顾问。项目效果图见图 1。

1.2 项目特点

浦东美术馆项目与周边建筑群、地下交通、管线的物探关系复杂。除此之外建筑物本身还有如下特点:

(1) 建筑空间布局不规整,梁的布置方向多种、大小各异,空间复杂,夹层较多;

(2) 天花造型复杂,灯槽以及发光膜的不规则布置,占据了本不宽裕的吊顶内部空间,给机电管线排布留下的空间有限;

(3) 为满足空间功能性以及舒适性要求,机电管线多,空间布局不规则,机电安装要求高,施工难度大;

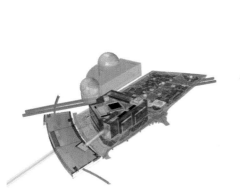
(a) BIM 场地分析图

(b) Rhino 场地 BIM 模型

图 2 场地 BIM 设计图

(4) 为满足游客良好的空间感受体验,对净高控制要求高。

基于以上特点,项目在设计、施工和运维的全生命期均采用 BIM 技术。借助于 BIM 反映复杂的建筑空间布局以及充满艺术气息的天花造型,优化机电各专业管线的排布方案,控制各大空间的净高,帮助提升设计和施工水平。场地 BIM 设计图见图 2。

2 BIM 组织架构

参照《上海市建筑信息模型技术应用指南》,本项目由业主方主导,聘请 BIM 顾问作为项目的总协调,并要求设计单位、总承包单位、专业分包单位和供应商根据要求分别组建其自身的 BIM 团队,形成 BIM 应用能力。BIM 顾问制定项目标准与管控措施,协助业主方统筹和管理整个 BIM 团队。BIM 团队组织架构见图 3。

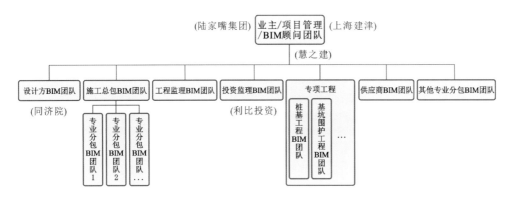

图 3　BIM 团队组织架构

3 BIM 软件

BIM 软件应用环境见表 1。

表 1　　　　　　　　　　　　BIM 软件应用环境

软件	厂商	版本	导出格式	功能
Revit	AUTODESK	2016	RVT, NWC, IFC	用于建筑、结构、机电、精装等专业的 BIM 模型创建
Navisworks	AUTODESK	2016	NWD	用于各专业的模型整合、碰撞、四维模拟
Lumion	ACT-3D	5.0 及以上	LS, AVI	专业效果制作和输出
Synchro	SYNCHRO	5.0 及以上	SP, AVI	专业四维模拟和进度模拟
Fuzor	筑云科技	2017 及以上	EXE	BIM 虚拟现实展示

软件	厂商	版本	导出格式	功能
Ecotect	AUTODESK	2014 及以上	—	建筑能耗分析,热工性能、水耗、日照分析
Recap	AUTODESK	2014 及以上	RCS,RCP	点云模型整合处理
BIM360 Glue	AUTODESK	2014 及以上	—	利用 iPad 进行模型浏览
Rhino	RobertMcNeel & Assoc 公司	—	—	专业效果制作,节点深化
Luban/广联达	鲁班/广联达	—	—	工程算量、成本分析
协筑	广联达	—	—	用于 BIM 浏览和文档管理

4　项目应用介绍

4.1　BIM 应用目标

应用 BIM 技术,旨在减少设计变更,提升施工品质,加快施工进度,优化项目成本,实现虚拟建造。通过建立 BIM 协调平台支持各专业协同设计,在施工前提早发现图纸问题,优化设计参数,针对难点工艺进行模拟建造,将成本信息与模型相关联,对构件进行初步算量等来实现项目 BIM 应用目标。

4.2　项目应用点及成果展示

项目各阶段 BIM 应用总体情况见表 2。

表 2　　　　　　　　　　　　项目各阶段 BIM 应用

序号	应用阶段		应用项
1	设计阶段	方案设计	场地分析
2			建筑性能模拟分析
3			地下车行流线动画漫游模拟
4			学术报告厅视线辅助分析
5		初步设计	建筑、结构专业模型构建
6			建筑结构平面、立面、剖面检查
7			机电专业模型建模
8			面积明细表统计
9		施工图设计	各专业模型构建
10			碰撞检测及三维管线综合
11			净空优化
12			二维制图表达/BIM 半正向化设计

序号	应用阶段		应用项
13	施工阶段	施工准备	施工深化设计
14			施工场地规划
15			施工方案模拟
16		施工实施	文明施工
17			平台应用及技术交底
18			外幕墙施工

BIM 协同建筑、结构、机电、幕墙各专业根据相应的建模标准及依据构建各专业模型。各专业三维模型成果图见图 4。

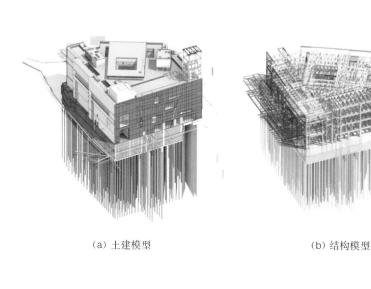

（a）土建模型　　　　　　　　　　　（b）结构模型

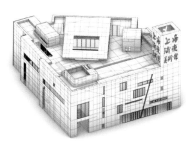

（c）机电模型　　　　　　　　　　　（d）幕墙模型

图 4　各专业三维模型成果图

4.2.1　设计阶段 BIM 应用亮点

1. 建筑性能模拟分析

1）建筑能耗分析

利用 Revit＋Trace700 进行能耗模拟分析，结合冷热负荷、逐月及全年能耗进行节能设计，通过提高冷热设备的能效、通风系统和供水系统的变频控制等节能措施，浦东美术馆暖通空调系统的年能耗比参考建筑低 6.29％。建筑能耗分析见图 5。

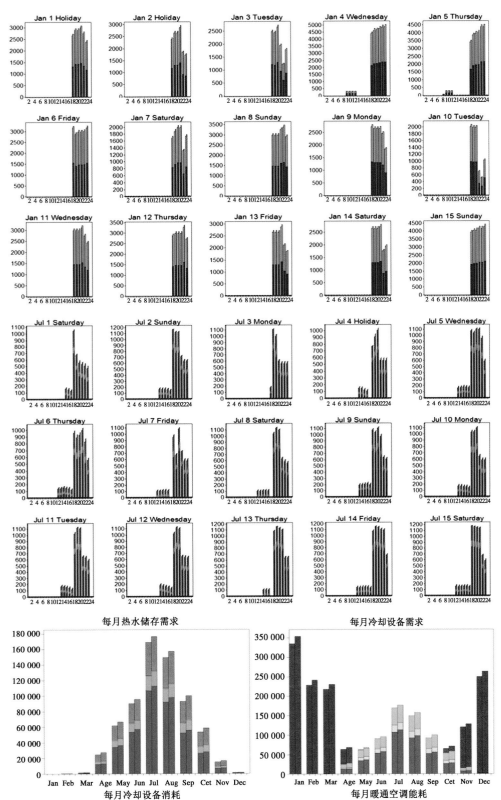

图 5　BIM 建筑能耗分析

2）日照与人工光源分析

浦东美术馆项目中,展厅的光照效果是体现设计质量的重要环节,良好的光照效果才能带来良好的展览体验。数字化 BIM 团队与光学团队合作,研究自然光对室内空间的影响,实现人工光与自然光的更好结合,营造更加舒适的展示空间。人工光与自然光结合分析见图6。

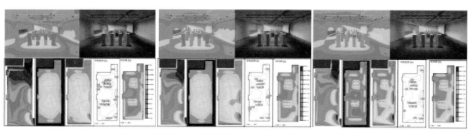

（a）展示照明＋30%透光率遮光帘（b）展示照明＋60%透光率遮光帘（c）展示照明＋90%透光率遮光帘

图6 人工光与自然光结合分析

2. 碰撞检查

运用 BIM 软件对建筑结构平面、立面及剖面和机电管线综合进行碰撞检查，找出存在的问题。机电碰撞检查结果见图7。

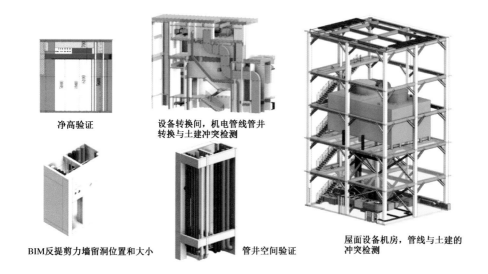

净高验证

设备转换间，机电管线管井转换与土建冲突检测

BIM反提剪力墙留洞位置和大小

管井空间验证

屋面设备机房，管线与土建的冲突检测

图7 机电碰撞检查结果

BIM 应用发挥了各专业平台的作用，主动承担协调任务，对问题进行梳理并将解决问题的过程记录在案，做到有据可查，避免设计遗漏。

3. 净空优化

对于不同功能需求的房间，净高要求也不一样，如设备运输通道净高要求 2.8 m、机械车位净高要求 3.6 m。管线综合工作完成后，导出净空分析报告，便于各方审核各类功能用房的净高是否满足要求。浦东美术馆净高控制范围平面图见图8。

浦东美术馆项目 BIM 工作除了包含施工图阶段常规的模型构建、碰撞检测、净空优化等应用以外，还改变了常规 BIM 工作配合模式，在初步模型构建完成后，BIM 团队即与设计团队针对复杂区域进行讨论，将 BIM 应用深入设计环节，提出可行的解决方案并落实在图纸上。

4. BIM 半正向化设计

BIM 团队与设计团队在协作方式上开展创新，在施工图后期阶段，BIM 建模前置于设计图纸，对复杂空间的把握更加准确，有效推进项目运转，做到了局部的 BIM 半正向化，提高了深化设计效率，缩短了设计周期。

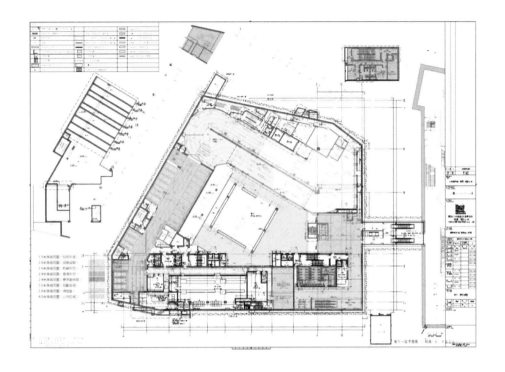

图8 浦东美术馆净高控制范围平面图

1）基于管线综合的结构穿梁洞口正向设计

为避免国内许多早期展览馆在后期升级过程中遇到的管线预留位置不足导致管线沿墙甚至沿楼地面布置的情况，本项目大部分的机电管线均穿梁而过，保证了室内空间效果的同时为后期机电管线系统升级留下了空间。在结构穿梁洞口设计时，BIM团队根据管线综合结果及结构梁开洞原则预留洞口，利用模型导出图纸，再反提资给结构设计师进行确认并出图。基于管线综合的结构穿梁洞口设计图见图9。

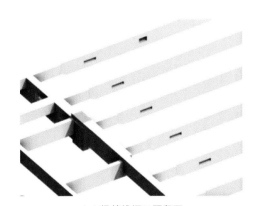

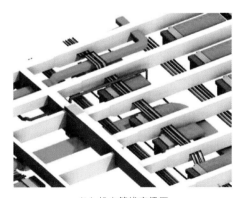

(a) 梁管线洞口预留图   (b) 机电管线穿梁图

图9 基于管线综合的结构穿梁洞口设计图

2）BIM对于复杂极限空间的多专业协调解决方案

复杂极限空间的多专业协调设计图见图10。

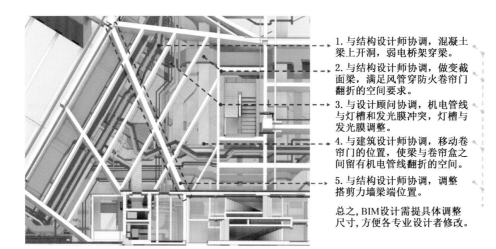

1. 与结构设计师协调，混凝土梁上开洞，弱电桥架穿梁。

2. 与结构设计师协调，做变截面梁，满足风管穿防火卷帘门翻折的空间要求。

3. 与设计顾问协调，机电管线与灯槽和发光膜冲突，灯槽与发光膜调整。

4. 与建筑设计师协调，移动卷帘门的位置，使梁与卷帘盒之间留有机电管线翻折的空间。

5. 与结构设计师协调，调整搭剪力墙梁端位置。

总之，BIM设计需提具体调整尺寸，方便各专业设计者修改。

图 10 复杂极限空间的多专业协调设计图

4.2.2 施工阶段 BIM 应用亮点

1. 施工深化设计

运用 BIM 辅助分析复杂钢筋节点进行复杂节点 3D 详图优化以及辅助分析留洞优化。三维剖面和详细节点的形式可以让人更好地理解设计意图及节点处理方式，发现问题后及时反馈设计单位。

1）BIM 辅助分析复杂钢筋节点

图 11 为劲性柱节点建模，结合模型将问题反馈至设计单位，然后结合图纸给施工人员进行交底。复杂钢筋节点深化设计图见图 11。

2）BIM 辅助分析复杂节点 3D 详图优化

在施工图版模型的基础上进行机电深化，考虑施工安装空间、检修空间以及施工的便捷性，对机电管线进行再次深化。机电复杂节点 3D 详图深化设计图见图 12。

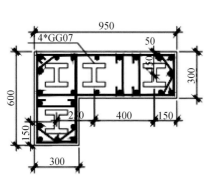

(a) 劲性柱节点设计图纸

(b) 劲性柱节点 BIM 建模

图 11 复杂钢筋节点深化设计图

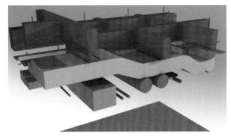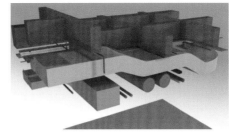

(a) 施工图版模型　　　　　　　　　(b) 3D 详图优化后模型

图 12　机电复杂节点 3D 详图深化设计图

3) BIM 辅助分析留洞优化

机电深化完成后,根据开洞原则,复核设计图中的预留洞口是否满足机电需求,进行留洞优化工作,并从模型中导出图纸并送审,指导现场施工。BIM 辅助分析留洞优化设计图见图 13。

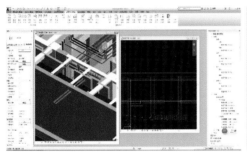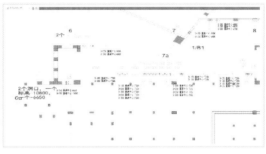

(a) BIM 软件中进行留洞优化　　　　(b) 从模型中导出的洞口预留图纸

图 13　BIM 辅助分析留洞优化设计图

2. 施工场地规划及方案模拟

由于项目周边环境十分复杂,本项目在规划场地布置方案时,结合无人机航拍,为场地布置提供实时数据,便于规划施工过程中机械、设备、材料、企业形象系统(Corporate Identity System, CI)等的布置。结合工程实际,将 BIM 在场地布置方面的优势应用到场地管理中,直接基于第三人视角在虚拟环境中对场地部署进行模拟,快速、直观检查场地虚拟布置的合理性,以达到实际施工进度与资源的动态整合,节约现场用地,减少材料周转的目标。图 14 为利用无人机航拍后计划占用富城路对场地布置进行重新规划的示意图。本项目土方开挖及支撑施工,运用 BIM 进行模拟,进行方案模拟对比。在施工作业模型的基础上附加建造过程、施工顺序等信息,进行施工过程的可视化模拟,并充分利用建筑信息模型对方案进行分析和优化,提高方案审核的准确性,实现施工方案的可视化交底。BIM 施工方案模拟图见图 15。

3. 外幕墙安装工艺

设计师让·努维尔从杜尚的作品《大玻璃》中获得灵感,带我们走进第四维度的空间,12 m 超高双层"大玻璃"+LED 屏系统的大胆设计。12 m×3 m 的超大尺寸,单块玻璃重量最大达到 10 t,这给施工安装及后期更换带来了巨大挑战。BIM+VR 团队协同各方,通过预施工、仿真模拟,并经过专家评审,最终保证了外幕墙系统安装工作的顺利实施。外幕墙施工图见图16,外幕墙超透大玻璃安装工艺模拟见图17。

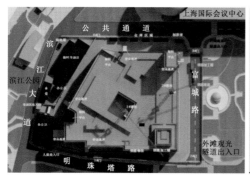

图 14　BIM 场地规划布置图

图 15　BIM 施工方案模拟图

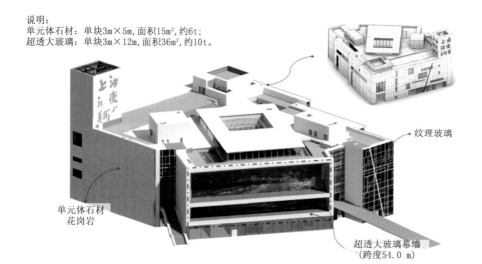

说明：
单元体石材：单块3m×5m，面积15m²，约6t；
超透大玻璃：单块3m×12m，面积36m²，约10t。

纹理玻璃

单元体石材花岗岩

超透大玻璃幕墙（跨度54.0 m）

图 16　外幕墙施工图

图 17　外幕墙超透大玻璃安装工艺模拟图

5　总结与展望

　　浦东美术馆作为黄浦江畔备受瞩目的公共建筑，对工程品质要求极高。BIM这一数字化技术从方案设计阶段即开始介入，为各方沟通协调搭建起数字化平台，通过 BIM 项目管理及 BIM 应用双重作用，BIM 逐渐深入到项目管理的各个方面，为整个项目生命周期提供服务支持。本项目将常规的 BIM 应用做精做细，并在设计阶段后期创造性地实现了 BIM 半正向设计，自主研发了结构梁批量开洞、参数化编号定位的插件，从而提升了工作效率，缩短了设计周期。这一项目通过图纸、漫游、模型、二维码、VR 等多样化交底模式，结合参数化技术、数字模拟和云平台技术,更好地将设计理念及设计要求传递给施工人员,从而让浦东美术馆从理念变为图纸、从数字模型变成黄浦江畔一个璀璨的现实作品!

BIM技术的成功应用,代表了国内建筑业的设计与建造方式的新趋势。BIM技术在建筑业的应用与推广正通过浦东美术馆这样的精品建造项目的探索与实践,积累了经验,培养了人才,提升了技术应用水平,并且通过项目的协同与合作,带动了建筑业的上下游供应链,形成一股合力,逐渐形成建筑工程从设计到施工的系统化生产管理模式,以重塑建筑业未来更美好的愿景。

(供稿人:金　熙　应宇垦　吴雪洁　尹武先　蒋莹玉)

专家点评

浦东美术馆是非常典型的公共建筑,对于工期、品质都有非常严格的要求。这个项目中的BIM应用总结下来有以下非常突出的特点:

(1)项目结合度高。所有应用都是紧扣项目设计要求而进行的,比如能耗分析、日照分析等切实解决了项目对于高品质的要求。在机电管线综合方面尝试的"半正向设计"模式,也是平衡设计节奏和BIM节奏非常有效的做法。

(2)实施指导性强。项目对复杂节点详图优化及采用BIM+VR协同方法提升施工方案可实施性等方面,有利于BIM在结构复杂项目上的推广。

(3)进行有效的工具开发弥补了现有BIM软件的不足。比如结构梁批量开洞、参数化编号定位插件等,这种投入较少而且能解决实际问题的做法值得借鉴。

(4)形成了公共建筑BIM应用可推广的管理机制。浦东美术馆项目采用《上海市建筑信息模型技术应用指南》要求的业主方总协调管理、各个承包方参与的管理机制,项目完整经历了设计—施工—竣工交付全生命期,一方面验证了管理机制的可行性,另一方面也形成了符合公共建筑特点的管理方法。

项目仍有遗憾之处,即没有效益评估方面的量化积累,这对于项目复盘非常重要。另外,项目设计和施工方在BIM应用过程中协同合作,以及BIM在使用阶段的设施管理(FM)方面的应用价值有待进一步探索。

超级校园金鼎天地培训中心
——开启金色中环 BIM 示范性应用先例

图 1　项目效果图

1 项目概况

1.1 工程概况

金鼎天地培训中心是上海"金色中环发展带"第一批重点项目——金鼎天地中的第一个开工项目,现已被定义为"十四五"期间浦东乃至上海提升城市能级和城市竞争力的重要载体和引擎。

金鼎天地培训中心同时也是一个"超级校园"项目,是在面对"3.0 容积率高密度开发"以及"平和双语个性化办学文化"的双重挑战下所建设的一个创新项目。它既承担着学校教学任务,又兼具面向社会的教育培训功能。项目总建筑面积为 18.1 万 m²,其中地上建筑面积为 9.6 万 m²,地下建筑面积为 8.5 万 m²。项目设计在突破原有办公园区单调乏味的空间营造的基础上,力求呈现出一个以空间体验为主题的教育园区,给人一种耳目一新的感觉。

本项目由上海金桥(集团)有限公司(以下简称"金桥集团")开发、华东建筑设计研究院有限公司负责施工图设计、上海建工集团一建公司负责承建,并由同济大学建筑设计研究院(集团)有限公司(以下简称"同济设计集团")担任 BIM 总技术顾问(图 1)。

1.2 项目特点

金鼎天地培训中心是从国民经济、社会发展的角度开发建设的市区重大工程项目。金桥集团和同济设计集团都把本项目作为 BIM 深化应用的创新试验田,双方领导层多次亲临 BIM 讨论会,进行顶层对接、全局把控区域 BIM 发展。金桥集团领导层同时也确定将本项目定为集团 BIM 试点标杆项目。

本项目 BIM 应用遵循两个原则:一是区域级全面深入 BIM 应用,二是按照标准要求开展 BIM 工作。过程中结合跨界前沿科技,充分发掘 BIM 应用价值,数字化促进销售传播,最终促进金桥集团业务转型升级。

本项目 BIM 模式与其他常规 BIM 项目相比有如下三大特点(图 2):

(1) 常规项目 BIM 应用以单栋建筑应用为主,本项目为区域级 BIM 应用规划;

(2) 常规项目 BIM 应用主要价值发挥在设计、施工等工程方面,本项目既体现 BIM 在工程方面的价值,又通过众多创新应用,充分发挥 BIM 在招商营销、产业策划、运营维护等环节的拓展作用;

(3) 常规项目 BIM 应用虽可实现三维立体化,但应用多为静态,有些信息还

图 2 项目三大特点

不能够直观表达。该项目 BIM 应用通过与前沿技术、跨领域技术的融合,实现了交互性操作应用,可更为准确地传递关键信息。

2　BIM 组织架构

根据《上海市建筑信息模型技术应用指南(2017)》的要求,本项目 BIM 组织架构由建设方金桥集团主导,同济大学建筑设计研究院(集团)有限公司为项目 BIM 技术总协调及设计 BIM 团队,施工单位根据要求组建自身 BIM 团队。图 3 为本项目 BIM 团队组织架构。

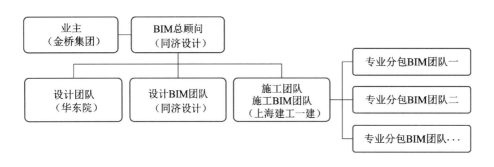

图 3　BIM 团队组织架构

3　BIM 软件

本项目的 BIM 软件应用环境如表 1 所示。

表 1　　　　　　　　　　　　BIM 软件应用环境

软件	厂家	版本	导出格式	功能
Revit	AUTODESK	2016	RVT,NWC,IFC	用于建筑、结构、机电、精装等专业的 BIM 模型创建
Navisworks	AUTODESK	2016	NWD	用于各专业的模型整合、碰撞、四维模拟
Unreal	EPIC	4.26	EXE,IOS,MP4	用于制作场景 VR 虚拟现实模型及电子沙盘
Unity	UNITY TECHNOLOGIES	2020.1.0	OBJ,IOS,EXE	用于制作场景 AR 增强现实应用

4　项目应用介绍

4.1　BIM 应用目标

本项目 BIM 应用目标为"应用尽用＋创新应用",即传统 BIM 应用要求全面覆盖,以最高标准要求开展 BIM 工作,在传统 BIM 应用的基础上进行创新突破,充分发掘 BIM 应用价值,结合跨界最新前沿科技创新复制递推全区域。创新应用可总结为"1+4",其中"1"是指顶层规划统一金鼎标准,"4"是指 4 个动态,分别为模型动态、数据动态、场景动态和管理动态。

4.2 项目应用点及成果展示

项目各阶段传统 BIM 应用见表 2,项目 BIM 创新应用见表 3。

表 2　　　　　　　　　　　　　项目各阶段传统 BIM 应用

序号	应用阶段		应用项
1	设计阶段	方案设计	金桥集团 BIM 发展规划
2			金桥集团 BIM 企业标准
3			设计方案比选
4			虚拟仿真漫游
5		初步设计	建筑、结构专业模型构建
6			建筑结构平面、立面、剖面检查
7			机电专业模型构建
8		施工图设计	各专业模型构建
9			碰撞检测及三维管线综合
10			净空优化
11			二维制图表达
12	施工阶段	施工准备	施工深化设计
13			施工场地规划
14			施工方案模拟
15		施工实施	设备与材料管理
16			质量与安全管理

表 3　　　　　　　　　　　　　　项目 BIM 创新应用

序号	应用阶段		应用项
1	创新应用	模型动态	互动 BIM 动态模型
2			720°动态 VR 全景漫游
3		数据动态	视线数据量化分析
4			规范数据自动审核
5		场景动态	助力招生
6			师资吸引
7			助力招商
8		管理动态	BIM 施工管理平台
9			BIM-CIM 运维平台

4.2.1　方案阶段 BIM 应用亮点

1. 金桥集团 BIM 企业标准、金桥集团 BIM 发展规划制定

金鼎天地培训中心项目作为金鼎天地中的第一个开工项目,启动初期,业主方金桥集团就编制了《金桥集团 BIM 企业标准》,使 BIM 模型在各阶段具备可传递性。同时,金桥集团规划以数字金鼎为目标,战略布局、顶层把控,从企业、项目、人员等方面逐年规划,形成《金桥集团 BIM 发展规划》,目的是将 BIM 技术贯穿于整个项目运作周期,形成全生命周期 BIM 应用成果,落地实践金桥集团 BIM 企业标准,统一集团要求、明确组织流程、打通传递壁垒。图 4 为金桥集团 BIM 企业标准及发展规划封面。

图 4 金桥集团 BIM 企业标准及发展规划封面

2. 设计方案比选

区别于传统学校教室环境,本项目在教室内增设了空调系统,舒适度虽然得到了提高,但教室净高明显降低,教学环境略显压抑。设计团队应用 BIM 技术,针对教室特点,对其特殊要求净高处进行了净高方案比选和优化,将净高从 2.8 m 提升至 3.0 m,确保了教室开阔明亮,详见图 5。

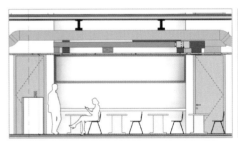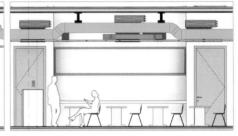

(a) 教室净高优化前　　　　　　　　(b) 教室净高优化后

图 5 教室净高方案比选

4.2.2 设计阶段 BIM 应用亮点

1. 碰撞检测

本项目设计阶段累计发现和解决 602 处问题,节省直接工程造价数百万元,切实发挥了 BIM 技术的工程价值。设计 BIM 团队根据设计图纸进行了 BIM 三维设计模型创建,查找并解决了碰撞问题及净高问题;通过整合建筑结构模型以及机电模型进行碰撞检查,找出各类碰撞问题;根据不同房间功能所需要的不同净高要求,形成净高分析报告,并针对不同净高问题与设计团队进行沟通协调并逐一解决(图6)。

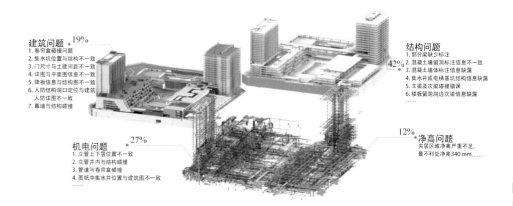

建筑问题 19%
1. 卷帘盒碰撞问题
2. 集水坑位置与结构不一致
3. 门尺寸与建造间距不一致
4. 详图与平面图信息不一致
5. 降板信息与结构图不一致
6. 人防结构洞口定位与建筑
   人防详图不一致
7. 幕墙与结构碰撞

结构问题 42%
1. 部分梁缺少标注
2. 混凝土墙留洞标注信息不一致
3. 混凝土墙体标注信息缺漏
4. 集水井或电梯基坑结构信息缺漏
5. 主梁及次梁塔接错误
6. 楼板留洞边次梁信息缺漏

机电问题 27%
1. 立管上下层位置不一致
2. 立管井内与结构碰撞
3. 管道与卷帘盒碰撞
4. 图纸中集水井位置与建筑图不一致
......

净高问题 12%
夹层区域净高严重不足,
最不利处净高340 mm......

图 6 各专业碰撞问题统计

2. 规范数据自动审核

设计 BIM 团队自主研发了合规性检查平台(图7),可实现动态提取模型中的规范数据,智能审核违规问题,修正出图,从而提高了问题检查效率并提升了设计质量。

自主研发

大数据分析
自动生成疏散路线

消防疏散净宽核算
计算机智能审核

图 7 规范数据自动审核

3. 动态 VR 全景漫游

设计 BIM 团队利用便携式 VR 全景及 VR 全景漫游,通过720°沉浸式动态漫游,实现了真正的身临其境(图8)。同时,VR 全景漫游还可以辅助问题协调沟通,进一步强化各建设单位对问题的理解能力,提高沟通效率,达到超前可视、优选决策、高质传播的效果。

图 8 动态 VR 全景漫游图

4. 动态数据量化分析

金鼎天地培训中心项目梦剧场部分基于 BIM 技术进行了数据量化分析。设计 BIM 团队基于严格算法和理性计算,通过数万次三维 BIM 演算分析剧场最佳视线位置和观看角度,为定价、策演提供了科学依据。图 9 为梦剧场基于 BIM 技术的动态数据量化分析展示。

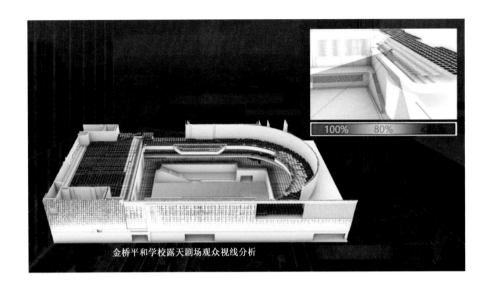

金桥平和学校露天剧场观众视线分析

图 9 动态数据量化分析

4.2.3 施工阶段 BIM 应用亮点

1. BIM 施工管理平台

施工 BIM 团队自主研发了施工管理平台,跟踪记录并管理施工进度以及施工质量。基于平台(图 10),可记录施工阶段发现的问题,并跟踪其解决情况,最终达到模型可视化传递的要求。

图 10 施工管理平台

2. 施工深化设计

将设计 BIM 模型向施工 BIM 进行传递,可帮助施工方更有效地开展后续 BIM 深化工作。施工阶段,通过深化模型导出二维图纸,指导现场施工,确保现场按图施工;同时保证模型、图纸及现场的一致性。图 11 为项目空调冷冻水机房三维深化模型及导出的二维图纸。

3. 质量与安全管理

施工现场可以通过扫描二维码快速查看模型,帮助理解当前空间的管道布置,准确传递模型信息(图 12)。施工完成后,还可用此二维码来对比模型与现场的一致性,实现现场的质量管控。

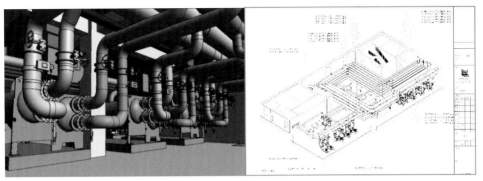

| (a) 三维机房深化 | (b) 二维图纸导出 |

图 11　施工深化设计

| (a) 二维码 | (b) 三维模型 |

图 12　质量管理

4.2.4　运维阶段 BIM 应用亮点

金桥 BIM-CIM 运维平台:在设计、施工阶段工作开展的过程中,金桥 BIM-CIM 运维平台也同步开始筹备。经过全阶段的 BIM 应用,积累信息数据,实现 BIM-CIM 运维平台数字化运维及管理,打造金桥集团数字平台(图 13)。业主方将按照国有企业资产信息化的要求,更进一步打造基于 BIM 的资产数字化管理系统,将设备信息及其相关参数录入竣工模型,形成数字孪生模型,进行数字社区管理,打造金鼎天地智慧社区,实施资产数字化管理。

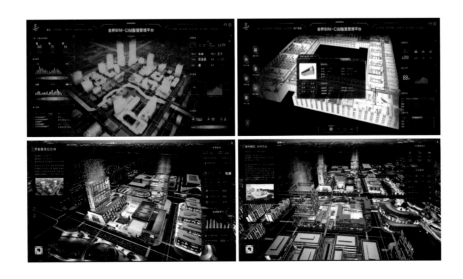

图 13　BIM-CIM 运维平台

5 总结与展望

金鼎天地培训中心作为上海"金色中环发展带"第一批重点项目以及区域级试点标杆项目,可谓"BIM 应用最合适的项目,以最高的技术要求,创建了可推广的金鼎标准和模式"。项目体量大,业态丰富,符合作为片区 BIM 试验项目的要求。金鼎天地培训中心项目的 BIM 应用价值及效益主要体现在以下三个方面:

(1)"金鼎天地培训中心项目 BIM 应用模式"可复制、可推广。未来金鼎天地 20 余个项目,乃至未来金桥副中心、沪东船厂、金桥临港等片区都可将此 BIM 应用模式作为参照。

(2)切实发挥了 BIM 技术的应用价值。项目 BIM 应用节省了直接工程造价数百万元,在自动审核安全指标、优化教学环境,推动营销、招生、招商等商业工作方面,带来了实施价值。

(3)业主方将基于本项目制定的 BIM 应用标准推广到企业级 BIM 应用总体规划的高度上,将项目 BIM 应用提升到了更高的标准。

该项目 BIM 技术的全方位应用暗含项目名称"金鼎"的含义,即"金"代表金桥集团,"鼎"代表顶级 BIM 应用,为金桥集团今后持续打造顶级 BIM 智慧社区创造了先期条件,相信 BIM 技术的深入应用将为"金鼎"赋予更丰富的内涵。

(供稿人:应坚国　张东升　王金栋　刘　建　戴　薇)

专家点评

金鼎天地培训中心项目作为区域级开发的首个开工项目,是 BIM 区域级应用的先行典型,同时作为高密度开发的超级校园综合体,这个项目很具特色,BIM 应用亮点可总结为以下几部分:

(1)顶层 BIM 规划,以该项目为标杆确立区域级 BIM 标准、统一集团语言、明确深度方向、打通传递壁垒、形成管理机制,打造"金鼎模式",后续可复制推广至区域其他地块乃至企业全项目版图。

(2)突破传统工程导向的 BIM 应用固定思维,以更高的地区开发者视角,探索 BIM 更深层次、更广维度的创新应用可能,结合虚拟现实、增强现实最新技术挖掘 BIM 在招商营销、产业策划、自持运维等方面更大的价值。

(3)在实现常规静态三维立体化的基础上,通过与前沿技术、跨领域技术的有机融合,实现了 BIM 动态交互性操作、结构化数据分析应用、更为准确形象地传递关键信息,同时借助 BIM 技术,自主开发审查管理平台,把控项目质量、节省人力投入、避免人工误差。

(4)结合企业数字化转型的战略、支撑企业未来发展定位,搭建企业级 BIM-CIM 运维平台,为实现智慧社区管理、国有资产数字化、对接近在眼前的 5G、大数据、物联网等技术打下基础。

美中不足的是项目未能完全采用 BIM"正向设计",在现有技术人员和项目进度要求的情况下,传统 BIM 后验证模式虽然有助于项目推进,但是仍未能发挥出 BIM 的最大价值,望在以后的项目中能够积极采取 BIM 正向设计应用,进一步提升 BIM 效益。

三维协同使金桥智谷项目 BIM
应用价值凸显

图 1　项目整体效果图

1 项目概述

金桥智谷——金桥出口加工区 4-02 地块项目处于金桥城市副中心核心区。与西侧金桥壹中心（相距 248 m），南侧的商业综合体啦啦宝都项目及东侧的 OFFICE PARK Ⅱ 项目，在贯穿整个金桥南北及东西主要脉络的杨高北路金科路及杨高中路金海路上，形成了连续地标，彰显金桥作为上海智造中心及城市副中心的重要形象。

金桥智谷项目总投资 18.32 亿元，总建筑面积为 198 847.97 m²，积极贯彻落实浦东新区政府"创新驱动、转型发展"方针，努力打造产业发展人才集聚高地及创新应用示范区，同时也是注册建筑师负责制试点项目，采用 BIM 信息化技术作为项目的全方位技术支撑（图 1）。

2 BIM 应用重点

2.1 实现全专业图纸和模型数字化管理

项目的阶段性和专业性的分工，使得项目的图纸种类和数量多且复杂，大量建设问题的产生点往往不是在单个专业工种中而是存在于多工种的交接处。本项目的 BIM 应用能够更好地协助建筑师对项目品质进行把控，不仅可对常规的建筑、结构、给排水、暖通及电气进行模型搭建，同时可对景观场地布置、幕墙装饰、室内空间效果同向进行把控。在项目每个阶段都以集成的形式进行汇总分析，BIM 信息化技术使得设计常规的串行流程调整为多并线流程，多专业集成分析让项目摆脱了反复循环修改的怪圈，大幅减少了项目循环调整的时间。在项目对外沟通汇报以及问题跟踪上，BIM 技术采用 3D 动态演示和问题实时追溯表来协调把控项目进度并解决问题。全专业模型见图 2。

2.2 全过程并肩协助建筑师负责制下的设计工作

我国施行建筑师负责制是为了更好地实现国际化接轨，使建筑师真正地起到项目管理的作用，但建筑师在其他专业上知识与经验的欠缺将会很大地影响项目的推进，因此本项目 BIM 运用不再仅仅是对错漏碰缺的后置性服务，而是和设计师一起肩并肩地参与项目的设计工作，大到方案空间研究（图 3），小到防火分区对应的机房面积的合理性研究（图 4），共同为项目出谋划策。

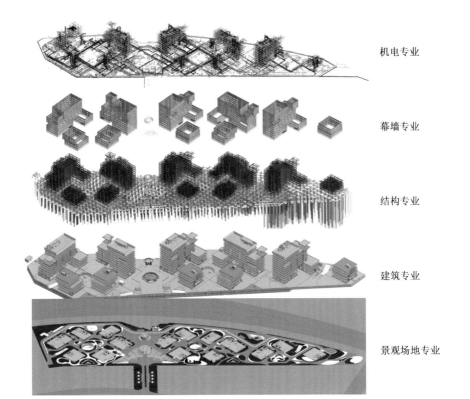

图 2 全专业模型

机电专业

幕墙专业

结构专业

建筑专业

景观场地专业

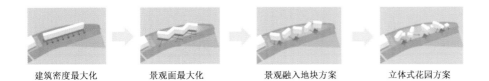

建筑密度最大化　　景观面最大化　　景观融入地块方案　　立体式花园方案

图 3 方案空间研究

排风兼排烟机房11
机房面积167 m²
防火分区3 832 m²
面积比1:24

消防排烟机房6
机房面积69 m²
防火分区3 945 m²
面积比1:57

排风兼排烟机房3
机房面积35 m²
防火分区3 865 m²
面积比1:110

排风兼排烟机房10
机房面积167 m²
防火分区3 983 m²
面积比1:24

排风兼排烟机房9
机房面积70 m²
防火分区3 902 m²
面积比1:55

排风兼排烟机房2
机房面积75 m²
防火分区3 881 m²
面积比1:52

排风兼排烟机房8
机房面积41 m²
防火分区3 756 m²
面积比1:91

消防排烟机房7
机房面积80 m²
防火分区3 985 m²
面积比1:50

消防排烟机房5
机房面积80 m²
防火分区3 926 m²
面积比1:50

消防排烟机房4
机房面积68.5 m²
防火分区3 887 m²
面积比1:56

排风兼排烟机房1
机房面积80.2 m²
防火分区3 908 m²
面积比1:48.7

图 4 机房面积合理性研究

红色 显示机房面积过小，设备难以布置　　蓝色 显示机房面积过大，浪费空间　　绿色 显示机房面积适中，空间排布合理

从上述指标分析得出防火分区与机房面积比在50～60范围内是最经济合理的。

2.3　全方位设置直观高效的调整机制

项目地形狭长(图5),长585 m,最宽处140 m,最窄处28 m,上部主体建筑数量较多(共11栋),同时地下室功能性空间多样(图6)。这些限制条件使得地下室在空间布置、标高设置、顶板变化上难以快速决策到位。设计团队基于BIM信息技术在3D上的空间直观性并通过主次性的优化顺序调整使得这些棘手的问题迎刃而解。空间3D动态演示和问题实时追溯帮助设计师通盘考虑优劣的同时又聚焦问题核心,形成了高效可靠的决策方式。

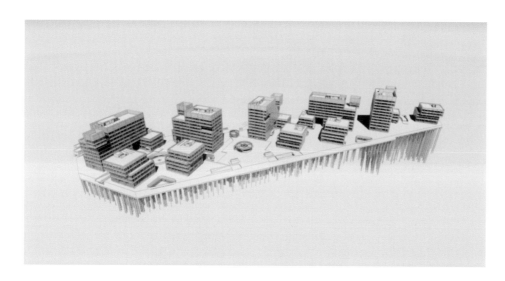

图5　狭长地形展示

图6　地下室机房深化

3　BIM 协作方式−设计与 BIM 双控架构

在设计层面,项目组通过3D技术整合协调各专业,建立了三维工作机制,从二维协同提升为三维协同;在沟通层面,通过3D例会制度,将设计与建造过程中出现的问题逐一排查,进而大幅缩小业主、设计师、施工人员之间的沟通障碍,保证沟通的流畅性和有效性。

为保证项目的高效实行,并且能够让设计总控和BIM总控形成合力共同推进项目,项目组建立了管理上的双控架构。管理架构示意图见图7。

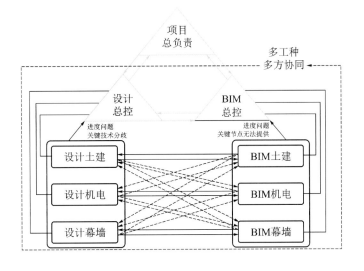

图7 管理团队架构示意图

通过及时的沟通机制,项目团队对项目各阶段的节点及时跟进与把控,做到职责明确;同时通过高频短会(图8)碰设计方案、低频长会(图9)碰设计进度的方式提高项目整体效率。

图8 短会议:即时反馈和协调各专业问题——有效及时

图9 长会议:阶段性汇报——控制进度

4 创新与技术

4.1 运用智能与参数化的分析手段提高效率,提升精准度

项目的进度对于整个项目成功与否是一个非常重要的指标,如何更好地提高效率、保证进度,本项目在这方面做了大量的尝试。例如在空间净高问题核查

上,通过参数化算法自动计算梁下净高(图10),将不同的梁采用不同颜色区分并提供给机电团队参考,使得机电管线排布时,提前规避那些净高限制较大的区域,为管线排布提供了较好的工作条件。

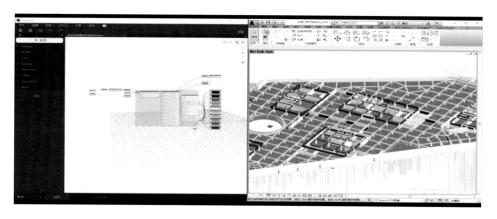

图 10　参数化计算梁下净高

4.2　推行数据与效果融合的设计模式,加强设计双向把控能力

相比于以往设计师习惯性地运用常规数据抽象判断空间效果,本项目更进一步,运用 BIM 实时联动渲染技术,将公共空间从抽象的数据感受上升为直观的效果感受,从而在这个基础上反向细化调整工程数据,一方面既能为设计师提供一个有限又不缺少灵感元素的三维设计空间,另一方面让空间从满足基本规范的使用需求上升为对人的舒适度的照顾,实现以人为本的设计宗旨。优化前后对比见图 11。

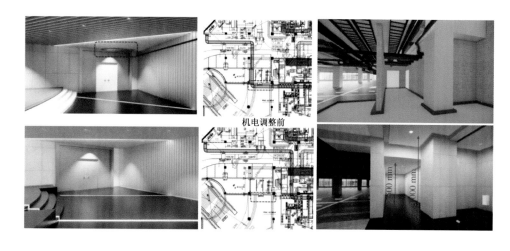

机电调整前

图 11　优化前后对比图

4.3　研究设计经验和数据关联的整合方法,提高设计的预判准确度

设计问题的本身除了错漏碰缺之外,更多的是设计师经验数据的准确性不

高造成的误判问题,这些问题往往是要等待有相关经验的人到位后才能发现并解决,但往往此时或多或少已对项目产生了负面影响,因此项目在运用 BIM 技术时,时刻以解决问题根本性为导向,将设计团队各类准确的经验性数据进行多维比对和总结,为手续设计的方向起到准确指引的作用。地下室集水井点位布置归类见图 12。

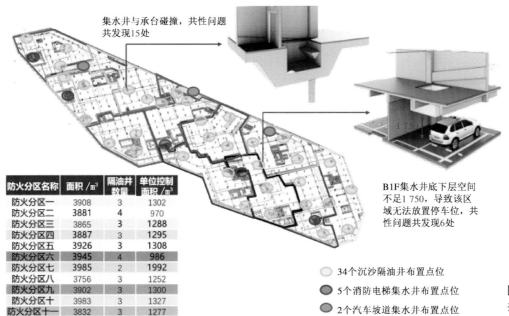

- 地下室因为地块狭窄,集水井数量多,制约集水井定位的因素除单位控制面积的数量外,还需避开承台,避开后浇带,不影响下一层使用功能。

集水井与承台碰撞,共性问题共发现15处

B1F集水井底下层空间不足1 750,导致该区域无法放置停车位,共性问题共发现6处

防火分区名称	面积/m³	隔油井数量	单位控制面积/m²
防火分区一	3908	3	1302
防火分区二	3881	4	970
防火分区三	3865	3	1288
防火分区四	3887	3	1295
防火分区五	3926	3	1308
防火分区六	3945	4	986
防火分区七	3985	2	1992
防火分区八	3756	3	1252
防火分区九	3902	3	1300
防火分区十	3983	3	1327
防火分区十一	3832	3	1277

○ 34个沉沙隔油井布置点位
● 5个消防电梯集水井布置点位
● 2个汽车坡道集水井布置点位

图 12　地下室集水井点位布置归类

本项目中的 BIM 技术应用使得在设计中非常重要并无法避免的净高校核不再简单粗暴地告知设计师某处净高不足,而是更进一步地对重点部位的净高进行逐一比对分析,将不满足的区域进行标记后再对调整的方式重新梳理(图 13),从而归纳出一套何种情况采用何种方式优化调整的方法。

B2	1#-1门厅外	1#-2门厅外	2#-1门厅外	2#-2门厅外	3#-1门厅外	3#-2门厅外	4#-1门厅外	4#-2门厅外
梁底标高	-6.10	-6.10	-6.15	-6.15	-6.10	-6.10	-6.10	-6.10
风管下高度	无风管	无风管	无风管	2.25(降板区域)	无风管	2.35(风管需移位)	2.6(风管需移位)	无风管
				风管界面可调整,无法绕开		风管界面可调整,无法绕开 不建议新增墙体,否则排烟系统需调整	风管界面可调整,无法绕开	
B2	1#-1门厅内	1#-2门厅内	2#-1门厅内	2#-2门厅内	3#-1门厅内	3#-2门厅内	4#-1门厅内	4#-2门厅内
梁底标高	-6.10	-6.10	-6.15	-6.10	-6.10	-6.10	-6.10	-6.10
风管下高度	2.55	2.50	2.55	2.55	2.50	2.55	2.60	2.55
风管桥架跨过梁后可上翻	是	否	是(板下2750)	是(世上翻后小能满足2700要求,有梁)	否(有梁)	是(风管桥架需移位)	是	是
		风管界面可调整,无法绕开		风管界面可调整,无法绕开		风管界面可调整,无法绕开	风管界面可调整,无法绕开	
B2	1#-1电梯厅	1#-2电梯厅	2#-1电梯厅	2#-2电梯厅	3#-1电梯厅	3#-2电梯厅	4#-1电梯厅	4#-2电梯厅
梁底标高	-6.10	-6.10	降板区域板下只有2750	-6.10	-6.10	-6.10	-6.10	-6.10
是否有风管	无	有		有	无	无	无	无
是否有桥架	有	有	无	无	无	无	无	有

风管界面可调整,可绕开

图 13　净高不满足区域调整方案

5 BIM 应用效益

5.1 实现了建筑师负责制下的 BIM 工作模式成功探索

金桥出口加工区 4-02 地块通用厂房新建项目作为上海首个建筑师负责制试点工程项目,通过运用 BIM 技术,在面临设计师职责全面放大的情况下运用信息化、参数化、智能化的多种手段保障了项目的顺利进行,为建筑师负责制在中国的推行提供了一个成功实施的案例,为中国建设行业对标国际化发展打下了良好的基础。

5.2 形成了高效、并行、集成的问题协调反馈机制

BIM 技术在整个设计过程中,共接收 6 版图纸,提供 6 版 BIM 协调报告,协调 187 类共 1 520 余处问题,其中土建 87 类、机电 59 类、精装 15 类、景观和幕墙 26 类。这些问题大多是在集成的状态下发现和解决的,这种方式顺利地将原有多阶段多工种的分离式工作模式整合在一个体系中,问题的解决不再出现顾此失彼的情况。

5.3 实现了全控方式下的精控提升

设计的许多工作源于计算和分析,但往往项目的周期要求使得项目不具备充足的研究时间,因此建筑业的技术手段一直以来都是"头痛医头,脚痛医脚"。本项目通过 BIM 应用实现了全控方式下的精控提升,例如将各个不同的设计师的经验进行整合及汇总,通过全局整合优化的方式,将地下室的埋深较常规同体量项目提升了 1 m 多,产生了很好的经济效益。

此类设计方式的优化能够使得"深陷泥潭"的建筑师变得如鱼得水,也为 BIM 技术的发展提供了更多元化的方向,为 BIM 技术真正融合到设计流程中起到了关键性的作用。

6 结语

本项目中很多的 BIM 运用是全新的探索,在建筑师负责制下往往缺乏前期经验,大家都在不断学习不断前行。BIM 作为配合的技术手段也同样走了很多弯路,但是就如同设计创意本身就是在不断的琢磨中得以提升,BIM 技术跟进和协同的服务方式,使得其真正地开始融入一个设计整体,不再脱离在外,这点是非常难得的。同时也正是这种融合,使大家对 BIM 自身的发展方向和能力有了更深层次的理解,进而可以更好地促进整个行业的发展。

本项目的业主方金桥股份按照"强功能、重招商、保品质、优服务"的理念,将努力把金桥打造成为质量效益明显提升、改革开放成效显著、创新创业生态体系完善、产城融合和生态文明水平进一步提升的国际一流智能制造区,而金桥智谷作为其中重中之重的项目,通过积极运用BIM技术,项目的品质得到全面提升。同时本项目结合企业丰富的工程经验和知识,不仅加快了项目的各项进度,也为金桥区域乃至上海其他项目提供了一个典型的案例,为BIM技术的推广和普及起到了示范性作用,也为建筑师负责制的实行提供了有力的支撑。

(供稿人:李 军 余 飞 于军峰 胡功臣 项晓春)

专家点评

金桥智谷项目的BIM应用围绕设计优化、设计管理的主线相应展开,通过各个阶段的不同运用将土建设计、机电设计、景观设计、幕墙设计、室内设计等高效结合,利用立体、直观、准确的BIM模型对设计工作、设计管理、施工交底进行全过程的管控。项目突出的亮点在于:

(1)项目利用BIM信息化技术使得设计常规的串行流程调整为多并线流程,多专业集成分析让项目摆脱了反复循环修改的怪圈,大幅减少了项目循环调整的时间。

(2)项目利用BIM软件,让设计团队和BIM团队形成合力共同推进项目,形成了管理上的双控架构,既保证了业主、设计师、施工人员之间沟通的流畅和有效性,也将BIM对设计的管控从被动转为主动。

(3)项目利用BIM技术的整合性特点,建设性地将多个工种集成起来共同解决地下室埋深问题,产生了巨大的经济价值,很好地展现了BIM技术对建筑师负责制的有力支撑。

综合上述,金桥智谷项目的BIM运用效益突出,使用的方法和方式新颖有效,值得进一步探索和研究。

上海证券交易所金桥技术中心
——用数字化手段建造数据机房建筑

图 1　项目效果图

1 项目概况

1.1 工程概况

上海证券交易所金桥技术中心基地项目是打造金桥开发区金融创新平台的重要基础。项目位于上海金桥出口加工区(南区)海关封关区 WH2-3 地块,基地总用地面积为 96 000 m²,总建筑面积为 22.65 万 m²。项目效果图见图 1。建筑功能组团主要由上海证券交易所主运行中心、核心机构运行中心、行业托管中心及动力区、办公配套区构成。本项目建成后成为目前为至全国机房面积最大的金融行业数据中心之一。技术中心主运行中心按照国际权威数据中心等级 Uptime Tier-4 标准,行业托管数据中心按照 Uptime Tier-3 标准进行设计和认证。本项目是 2016 年上海市重点工程,也是 2016 年上海市建筑信息模型技术应用试点项目。

本项目基于 BIM 可视化管理平台,从规划阶段开始运用 BIM 技术创建信息、管理信息、共享信息,使整个项目在设计、施工和运营维护等阶段都能够有效地实现资源计划建立、资金风险控制,达到节约成本、降低污染和提高效率的目标,并改变设计、施工、运维三阶段各自独立、互不关联的传统项目管理思维方式,引领建筑信息技术走向更高层次,真正实现一条主线贯穿全过程的集成化建筑管理理念。BIM 模型贯穿设计、施工、运维的整个过程,有统一的标准和协作机制。

1.2 项目特点

本项目致力于打造安全、可持续、具有行业聚集效应和国际影响力的上海证券交易所主运行中心和行业托管服务中心。项目采用模块化机房、标准化设计和渐进式投入。因为涵盖了弥漫式送风、动态 UPS(飞轮)耦合柴油发电机组、机柜采用智能配电母线、智能照明控制系统、高温水冷冷水(冷凝热回收)机组、免费制冷、机房热通道热回收、新风预处理机组、屋面雨水收集利用、设置太阳能热水系统并采用水源热泵等新技术,机电系统非常复杂,主运行机房及托管机房机电设计标准高,管线数量多,吊顶空间有限,各类管线相互穿插,设计难度很大。基于此,项目需要利用 BIM 技术进行设计辅助,优化机电各专业管线的排布方案,提升空间、电力和配套功能,控制各大空间的净高,帮助提高设计和施工水平。

2 BIM 组织架构

根据《上海市建筑信息模型技术应用指南》的要求,本项目的 BIM 应用由业主(上海上证数据服务有限责任公司)牵头组织并实施,委托项目管理单位(上海市工程建设咨询监理有限公司)具体执行,并按标准规范要求设计单位(华东建筑设计研究院有限公司)、总承包单位(中国建筑第八工程局有限公司)、专业分包单位和供应商共同完成。业主方根据要求组建自身 BIM 团队,形成 BIM 应用能力;BIM 顾问与设计单位和总承包单位一同制定项目标准与管控措施,协助业主方统筹和管理整个 BIM 团队。本项目的 BIM 团队组织架构见图 2。

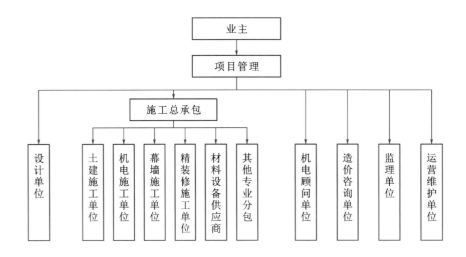

图 2　BIM 团队组织架构

3　BIM 软件

本项目的 BIM 软件应用环境如表 1 所示。

表 1　　　　　　　　　　　　　BIM 软件应用环境

软件类型	名称	版本要求
三维建模软件	Autodesk Revit 2016	2016
	Tekla	无(需能导入 Revit)
	SketchUp	无
模型浏览软件	Navisworks	2016
	Inforworks	无
视频制作软件	Premiere	无
	Lumion	无
	3ds MAX	无
协同平台	蓝色星球 BIM 平台	无
成本分析软件	广联达	无
	鲁班	无
设计分析软件	Ansys	无
	EcoTECT	无

4 项目应用介绍

4.1 BIM 应用目标

本项目通过建立和运行基于 BIM 的项目管理协同平台,利用 BIM 技术的协同管理优势,保证项目管理效率的大幅提高,从而实现项目管理在质量、成本、进度、安全等方面全面提升的 BIM 应用目标。

4.2 BIM 管理流程

金桥项目 BIM 管理流程见图 3。

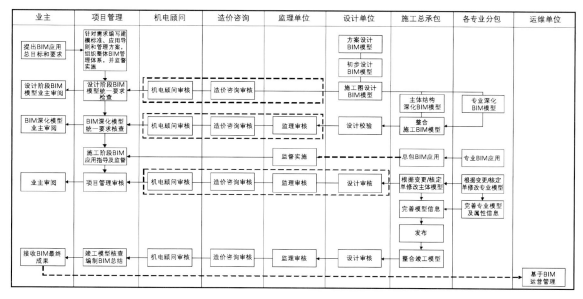

图 3 金桥项目 BIM 管理流程

4.3 项目应用点及成果展示

BIM 协同建筑、结构、机电、其他各专业分别在方案设计、初步设计、施工图设计阶段根据相应的建模标准(表 2)及依据构建各专业模型(图 4、图 5)。

表 2   **BIM 应用点清单**

阶段	BIM 技术应用内容	交付物
方案设计阶段	场地分析	场地模型、场地分析报告
	建筑性能模拟分析	专项分析模型、分期模拟分析报告
	设计方案比选	方案比选报告、设计方案模型
初步设计阶段	建筑、结构专业模型构建	建筑、结构专业模型
	建筑结构平面、立面、剖面检查	检查修改后的建筑、结构专业模型、检查报告
	面积明细表统计	建筑专业模型、面积明细表

阶段	BIM 技术应用内容	交付物
施工图设计阶段	各专业模型构建	各专业模型
	冲突检测及三维管线综合	调整后的各专业模型、优化报告
	竖向净空优化、设备检修空间占位	调整后的各专业模型、优化报告
	虚拟仿真漫游	动画视频文件

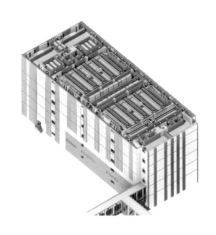
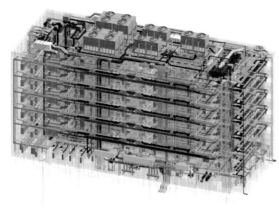

图 4　土建模型
图 5　机电模型

4.3.1　BIM 全正向化设计

本项目为全专业 BIM 正向设计，涵盖设计、施工和运营阶段。从建筑项目全生命期 BIM 应用的角度，BIM 模型从方案设计、初步设计、施工图设计、施工实施到运营，应是一个模型逐渐深化、信息不断丰富的发展过程且高等级数据中心建设信息可追溯。所以，从策划阶段开始，BIM 顾问单位就联合业主和设计方，一同制定了专用于本项目的 BIM 建模标准和管理标准（图6）以及统一 BIM 应用软件；明确各阶段 BIM 模型的深度，搭建各方共享的基于 BIM 的项目协同管理平台，确定各参与方的 BIM 应用职责。

4.3.2　设计阶段 BIM 创新应用

各个设计阶段利用相应模型进行 3D 可视化的 BIM 成果审查，包括方案设计阶段——方案效果展示图、方案展示视频；初步设计阶段——性能化分析报告、分析过程视频；施工图设计阶段——管线综合、碰撞检查报告、净空分析报告等。

1. 辅助计算

利用软件自带三维模拟功能，针对建筑日照对建筑形态的影响进行研究，同时也可以将模型导出至 EcoTECT，进行日照和照度计算（图 7）。

2. 立面研究

通过软件渲染功能一方面对建筑幕墙遮阳板尺寸进行研究，不同遮阳板尺寸对应不同外立面效果（图8）；另一方面对不同的立面分割模数进行对比，选取最佳方案（图9）。

(a) BIM 管理方案

(b) BIM 建模标准

图 6 BIM 管理机制

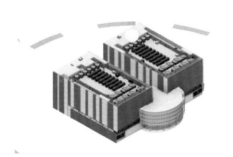

图 7 日照和照度计算等辅助计算示意

(a) 遮阳板厚度为 600 mm

(b) 遮阳板厚度为 300 mm

图 8 外立面比对图

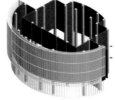

(a) 1 000×5 500

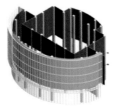

(b) 1 200×4 125

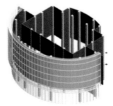

(c) 1 500×2 750

图 9 数模对比图

案例 04 上海证券交易所金桥技术中心——用数字化手段建造数据机房建筑

037

3. 机房内 CFD 技术模拟评估

有效的机房规划,可更有效地使用能源奠定坚实的基础。空调节能涉及机房的整个物理环境,包括地板、机柜及房间布局等诸多方面。空调能耗占数据中心耗电的比重较大,通过计算流体力学(Computational Fluid Dynamics,CFD)技术模拟评估,可显著降低空调的能耗(图 10)。通过对机房建模并计算机房气流组织分布,提出合理的机房布局方案,或对原有机房提出布局优化方案,从而减少能耗,建设"绿色"机房。

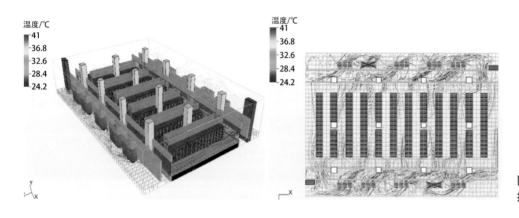

图 10　CFD 技术模拟能耗示意

4. 机房楼屋顶 CFD 技术模拟评估

冷却塔及风冷式冷水机组是数据中心空调系统的重要组成部分,为室内空气调节提供所需冷量,其运行状况将直接影响整个空调系统的制冷效果和能耗。

对该数据机房屋顶空间的气流组织进行数值模拟(图 11),研究在夏季最不利工况条件下冷却塔及风冷式冷水机组运行时屋顶空间的气流组织情况,以验证其运行时是否会出现因返混率严重而使得制冷量降低,不满足机房制冷要求的情况。同时进一步指导屋顶有限空间内冷却塔、风冷式冷水机组及其他设备的布置。

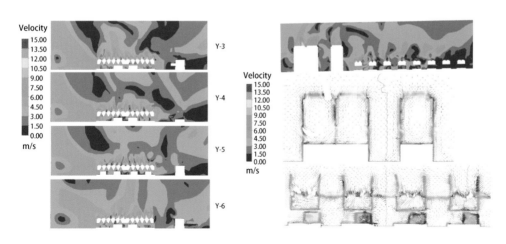

图 11　流速 CFD 技术模拟示意

5. 碰撞检查

本项目机电系统数量超过常规项目的 10 倍,机电系统极其复杂。BIM 技术可解决管线综合以及与建筑结构的碰撞问题(表 3 及图 12),规划管线设备安装时的操作空间、设备检修所必须的空间占位、大型设备吊装和运输的路线分析,辅助工程量统计等。

表3   碰撞核查结果列表

测试1	公差		碰撞		新建		活动的		已审阅		已核准		已解决		类型	状态
	0.001 m		1 163		1 163		0		0		0		0		硬碰撞	确定

图像	碰撞名称	距离	网格位置	碰撞点	项目1			项目2		
					项目ID	项目名称	项目类型	项目ID	项目名称	项目类型
	碰撞1	−0.350	D3-6-D3-D：标高1	x：47.700,y：21.450,z：9.924	元素ID：1452659	热通道封闭	实体	元素ID：1399424	带配件的电缆桥架	线
	碰撞2	−0.350	D3-6-D3-E：标高1	x：47.700,y：26.250,z：9.945	元素ID：1452653	热通道封闭	实体	元素ID：1399424	带配件的电缆桥架	线
	碰撞3	−0.350	D3-6-D3-C：标高1	x：47.700,y：11.850,z：9.881	元素ID：1452671	热通道封闭	实体	元素ID：1399424	带配件的电缆桥架	线
	碰撞4	−0.350	D3-6-D3-B：标高1	x：47.700,y：7.050,z：9.859	元素ID：1452677	热通道封闭	实体	元素ID：1399424	带配件的电缆桥架	线
	碰撞5	−0.350	D3-6-D3-D：标高1	x：47.700,y：16.650,z：9.902	元素ID：1452665	热通道封闭	实体	元素ID：1399424	带配件的电缆桥架	线
	碰撞6	−0.350	D3-3-D3-B：标高1	x：20.200,y：5.550,z：9.948	元素ID：1395854	带配件的电缆桥架	线	元素ID：1452506	热通道封闭	实体
	碰撞7	−0.350	D3-3-D3-B：标高1	x：20.200,y：7.050,z：9.941	元素ID：1395854	带配件的电缆桥架	线	元素ID：1452623	热通道封闭	实体
	碰撞8	−0.350	D3-3-D3-C：标高1	x：20.200,y：11.850,z：9.919	元素ID：1395854	带配件的电缆桥架	线	元素ID：1452629	热通道封闭	实体
	碰撞9	−0.350	D3-3-D3-D：标高1	x：20.200,y：16.650,z：9.898	元素ID：1395854	带配件的电缆桥架	线	元素ID：1452635	热通道封闭	实体
	碰撞10	−0.350	D3-3-D3-D：标高1	x：20.200,y：21.450,z：9.876	元素ID：1395854	带配件的电缆桥架	线	元素ID：1452641	热通道封闭	实体
	碰撞11	−0.350	D3-3-D3-E：标高1	x：20.200,y：26.250,z：9.855	元素ID：1395854	带配件的电缆桥架	线	元素ID：1452647	热通道封闭	实体
	碰撞12	−0.350	D3-5-D3-B：标高1	x：33.303,y：7.062,z：9.939	元素ID：1399504	带配件的电缆桥架	线	元素ID：1452623	热通道封闭	实体

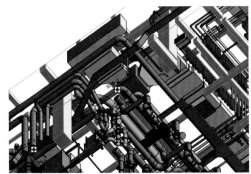

图12 碰撞结果局部展示

4.3.3 施工阶段 BIM 创新应用

该阶段是在设计阶段建立的模型基础上,建立各专业的深化模型、深化设计节点模型、对设计及施工变更进行更新的模型、施工方案和施工工艺制作的应用点模型、场地布置模型等。

1. 模型深化及维护

根据结构施工顺序,对设计院提供的模型进行楼层拆分处理,然后用不同的颜色表示结构构件的混凝土强度、抗渗等级(图 13)。处理后,现场工程师通过模型可以十分清楚地了解各个结构构件的混凝土强度、抗渗等级。

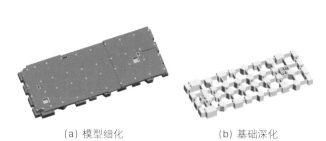

(a) 模型细化　　　　(b) 基础深化　　　　(c) 基础信息录入

图 13　模型细化部分内容

2. BIM 测量机器人

在模型上选择放样点(或复核点),模型导入测量机器人,现场实际测量,BIM 测量工艺展示见图 14。

(a) 模型放样　　(b) 数据导入　　(c) 现场测量　　(d) 现场测量　　(e) 定位放样

图 14　BIM 测量工艺展示

3. 优化施工方案

建立上海证券交易所项目协同管理平台,基于 4D(空间＋时间)模型,开展项目现场施工方案模拟、进度模拟和资源管理。如平台进度模拟、地下室土方开挖模拟、连廊钢结构吊装进度模拟、蜂窝铝板系统和干挂石材系统安装模拟以及机房、走廊管道组装(图 15)。

4. 二维码与 BIM 结合

在电脑上点击模型构件生成二维码,打印并贴于现场构件上。现场人员通过手机扫描二维码即可在模型中定位到相应构件,并可以查看、添加各种施工信息(图 16)。

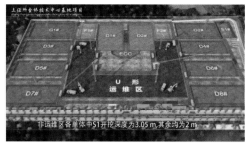

非运维区各单体中S1开挖深度为3.05 m,其余均为2 m

钢连廊上弦弦安装完成后,安装上下弦之间的支撑或钢拉杆

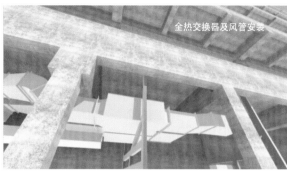

全热交换器及风管安装

(a) 土方开挖方案模拟 | (b) 钢结构吊装模拟
(c) 全热交换器及风管安装模拟

图 15 施工模拟

图 16 二维码与 BIM 结合

5. 协同管理平台

协同管理平台,以 WBS 为主线,以工作包为单位、BIM 构件为载体,实现了工程项目的进度、质量、安全、资料等方面的全关联协同管理。最终通过基于 BIM 的工程项目精细化管理,达到了"保证质量,降低成本,提升效益"的项目管理目的。

在进度管理中,通过施工单位上报施工计划与实际进度,监理单位审核后,能用 BIM 模型直观地向业主单位展出示进度现状,配合来自第一手的基础进度信息(BIM 模型的工程量 + 施工单位基于工作包的进度上报)自动统计分析形象进度,其工作流程见图17。

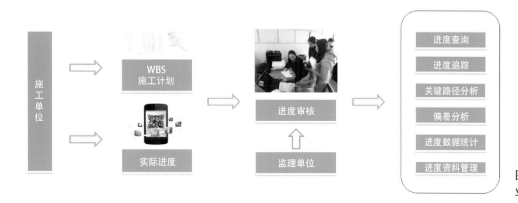

图 17 协同平台作业流程

4.3.4 运维阶段 BIM 创新应用

针对运维管理的流程和规则开发基于 BIM 竣工模型的运维平台。以 CMDB 配置管理数据库为核心,利用三维建筑模型的建筑信息和运维信息,进行 BI 运营数据分析 & 决策、eDCOM 运营管理和 3D 虚拟数据管理(图 18)。

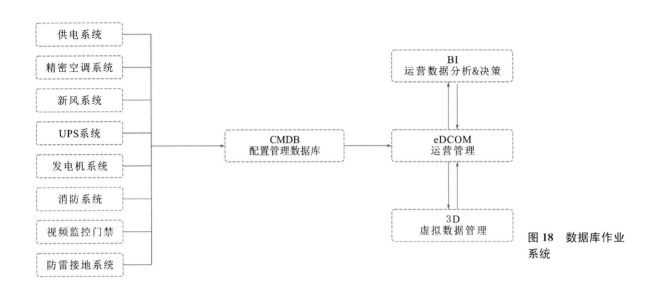

图 18 数据库作业系统

构建一线运维团队标准化运维点巡检体系(SOP),利用 BIM 模拟,通过实践分类分析决策预防机制,建立有计划的预防性维护和有效的供应商管理。

一线运维团队标准化运维点巡检体系(SOP),是保障设备运行正常的基础(图 19),其作用如下:

(1)运维点巡检具体工作内容标准化;

(2)有效提高工作效率;

(3)量化工作作业工时。

图 19 SOP 现场作业示意

在后期机房扩容和管理变更阶段应用 BIM 模拟进行应急预案演练、系统变更模拟和告警与应急预案的关联弹出,形成相应应急预案,保障设备变更顺利进行,应急预案作业流程见图 20。

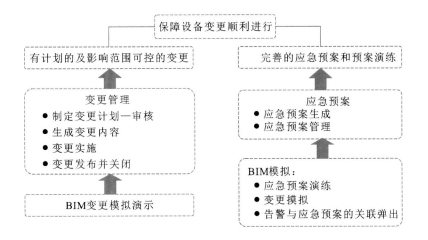

图 20 应急预案作业流程

5 总结

上海证券交易所金桥技术中心,功能业态复杂,专业技术性要求较高。主运行中心的国际权威数据中心等级和行业托管数据中心标准都是行业内的领先水平。项目作为 2016 年上海市建筑信息模型技术应用试点项目获得第八届创新杯 BIM 大赛优秀科研办公 BIM 应用奖、优秀云端移动互联类 BIM 应用奖。项目的 BIM 应用价值主要体现在以下三个方面:

(1) 项目 BIM 应用由业主组建自身团队牵头,由 BIM 顾问、设计院和总包 BIM 实施团队形成多方参与的专业技术能力强、运作高效的 BIM 应用项目团队。从策划阶段开始,团队就共同制定了专用于本项目的 BIM 建模标准和管理标准。

(2) 项目基于 BIM 可视化管理平台,应用贯穿整个设计、施工、运维的全过程,从项目开始就注重运用 BIM 技术创建信息、管理信息、共享信息,引领 BIM 技术走向更高层次,真正实现一条主线贯穿全过程的集成化建筑管理理念。

(3) 项目实现全专业 BIM 正向设计,从建筑项目全生命期 BIM 应用的角度,从方案设计、初步设计、施工图设计、施工实施到运营,形成了一个 BIM 模型逐渐深化、信息不断丰富的发展过程,并且实现了高等级数据中心建设信息可追溯。

(供稿人:刘　瑾)

专家点评

上海证券交易所金桥技术中心基地是非常典型的数据机房类建筑,对于项目精度有极高的要求,通过运用 BIM 技术,极好地满足相应的设计要求,整个项目的 BIM 应用主要有以下几点特征:

(1) 建立了可持续的 BIM 管理机制。此项目在策划阶段就编写了 BIM 建模标准手册和 BIM 管理标准手册,该种管理机制有利于 BIM 在项目推进中的可持续性并且保证不同阶段的项目模型能顺利交接,成为BIM管理的强力后盾。

（2）实现了BIM技术全生命周期的正向设计。无论是从项目设计阶段的日照、能耗分析,还是到施工阶段的模拟、定位、工程量计算及进度控制,还是最终的运维监控,不难看出该项目始终是一个尝试将BIM技术运用于项目全生命周期以挖掘其最大可能性的案例,并且最终的运维结果也显示此项目取得了一定的成功。

（3）较好地运用BIM技术完成了管线综合设计。该项目正向设计的机电BIM在管线综合设计方面通过可视化设计和模拟安装,很好地在施工前期解决了各类管线的碰撞问题,避免了后期的大量返工。这对于其他数据机房的管线综合设计具有较大的指导意义。

此项目在全生命周期的运用偏向技术层面,在经济效益控制方面运用较少,为了更好地体现BIM运用价值的全面性,望在今后的BIM项目运用中做进一步的探索与体现。

航头拓展大型居住社区
——BIM 技术应用实践

图 1 项目效果图

1 项目概况

1.1 工程概况

本项目为上海 01-03 地块租赁住房项目,位于浦东新区航头镇拓展大型居住社区,紧邻地铁 18 号线下盐路站,交通便捷,是名副其实的"地铁房"项目。项目由 11 栋 13～14 层住宅、2 栋 8 层住宅、1 栋配套商业、1 个人防地下车库组成,总占地面积为 5.29 万 m^2,总建筑面积为 15.59 万 m^2,可提供住房约 2 700 套。项目效果图详见图 1。

本项目由上海浦东开发(集团)有限公司开发,上海中森建筑与工程设计顾问有限公司负责设计,中国建筑第八工程局有限公司负责施工及 BIM 应用。

1.2 项目特点

本项目为浦东中部规模最大租赁小区,采用装配式设计,预制构件类型较多,包含预制外挂墙板、预制楼板、预制楼梯、预制阳台、预制空调板,各楼预制率均大于 40％,装配率 100％。项目户型多样,能满足职场白领、企业客户、小家庭等不同需求,小区公共空间丰富,布置商业配套设施达 4 000 多 m^2,旨在打造凝聚邻里、活力社交、便捷舒适的宜居环境。基于以上特点,项目在设计、施工阶段应用 BIM 技术,对地库、户型等重点区域进行优化设计及技术研发,帮助提升设计和施工水平,提高工作效率。

2 BIM 组织架构

本项目由业主方主导,聘请代建单位协助建设单位对设计、施工等各方进行管理协调。BIM 团队组织架构与团队配置详见图 2。

单位	团队角色	数量	职责
建设单位	设计总监	1	项目 BIM 总协调
代建单位	设计施工管理	1	协助建设单位对设计,施工 BIM 实施管理
设计单位	BIM 项目经理	1	BIM 总协调,编制总体与设计 BIM 技术运用方案,与施工 BIM 对接
	BIM 技术负责人	1	负责设计阶段 BIM 技术把控
	BIM 工程师	4	设计阶段 BIM 实施
施工总包单位	BIM 项目经理	1	施工 BIM 总协调,细化施工 BIM 技术运用方案,与设计 BIM 对接
	BIM 技术负责人	1	负责施工阶段 BIM 技术把控
	BIM 工程师	4	施工阶段 BIM 实施

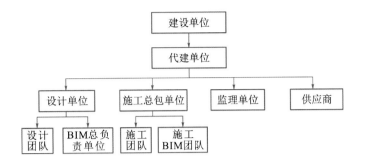

图 2　BIM 团队组织架构与 BIM 团队配置

3　BIM 软件

本项目采用的 BIM 应用软件见图 3。

图 3　BIM 应用软件

4　项目应用介绍

4.1　BIM 应用目标

项目 BIM 应用重点围绕建设工程的设计、施工两大阶段,贯穿建设工程项目设计与施工全过程,并对后期运营管理进行了长远规划,以满足项目整体实施要求及目标。

4.2　项目应用点及成果展示

项目 BIM 应用结合国家 BIM 标准及上海市 BIM 标准在项目前期、设计阶段、施工阶段、运营阶段等有不同程度的应用,应用点见图 4,BIM 模型成果见图 5。

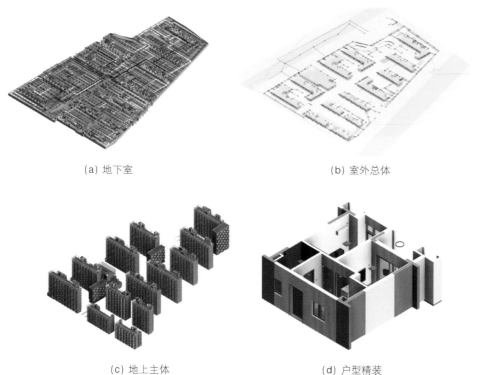

项目前期 → 设计阶段 → 施工阶段 → 运营阶段

■ 项目级BIM实施规划
■ BIM整体规划工作的目标与价值
■ BIM软硬件建议
■ BIM项目组搭建
■ BIM工作计划

■ BIM深化设计
■ 施工场地布置
■ 施工进度模拟
■ 施工工艺模拟
■ 智慧工地
■ 施工现场BIM服务
■ 竣工BIM

■ 建筑性能化分析
■ 设计阶段BIM建模与更新
■ 设计阶段BIM核查与优化
■ 设计阶段BIM虚拟漫游
■ 设计阶段BIM出图

■ 运营阶段辅助BIM应用

图4　BIM 各阶段应用点

(a) 地下室　　　　(b) 室外总体

(c) 地上主体　　　　(d) 户型精装

图5　BIM 三维模型成果图

4.2.1　设计阶段 BIM 应用

1. 建筑性能模拟分析

1）户型采光模拟分析

对两居室户型两个朝南卧室进行了采光模拟分析,结果分别是西侧卧室的平均采光系数为 5.03%,东侧卧室为 2.62%;分析结果满足规范要求,采光模拟参见图6。

2）户型眩光模拟分析

对两居室户型卧室在昼间的三个时间点进行了眩光模拟,结果分别是上午9点 DGI 为 21.2,中午 12 点 DGI 为 21.19,下午 3 点 DGI 为 18.9。根据《建筑采光设计标准》中的要求,采光等级 Ⅳ 的房间(卧室)DGI 限值为 27,分析结果满足规范要求。眩光模拟参见图7。

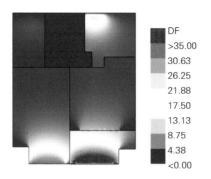 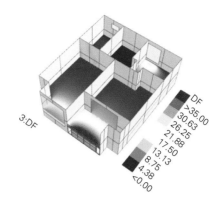

3:DF

图 6 BIM 采光模拟分析

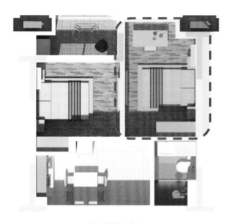

眩光模拟房间

上午9点

中午12点

下午3点

图 7 BIM 眩光模拟分析

3）风环境模拟分析

在方案设计阶段，对本项目的建筑排布方案在距地面 1.5 m 高度进行室外风环境模拟分析，在冬季风况条件下，方案 1 由于楼栋之间间距较小，模拟结果显示风速放大系数最大约为 2.5，超过标准系数 2，风速过高，会给行人带来不舒适感；方案 2 楼栋间距适宜，模拟结果显示风速放大系数最大约为 1.8，未超过标准值系数 2，行人无明显风感，最终选择方案 2 的建筑排布方式。BIM 风环境模拟分析参见图 8。

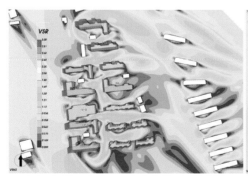 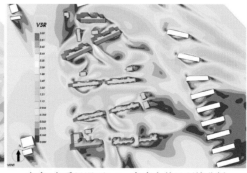

方案2冬季风况下1.5 m高度室外风环境分析 方案1冬季风况下1.5 m高度室外风环境分析

图 8 BIM 风环境模拟分析

2. 户型设计比选

在户型优化中，除了房间的功能布置合理性、空间利用率及美观性等方面，对于预制装配式建筑更重要的是户型的模块化及标准化,应尽量减少外墙构件及楼板构件种类,提高建造效率,实现功能性与经济性的统一,要在方案设计阶段充分考虑后续的深化及施工。户型设计比选参见图9。

 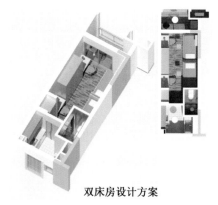

大床房设计方案　　　　　　　　双床房设计方案　　　　图 9　户型设计比选

3. 碰撞检查、净高分析、三维管线综合设计

项目在设计阶段拆分为地下室、室外总体、地上主体、精装户型、预制装配式结构等工程,通过碰撞检查、净空优化、管线综合等 BIM 应用进行优化设计,并将优化结果与甲方、设计团队等进行反复沟通,直至各方解决提出的问题。综合设计图参见图 10。

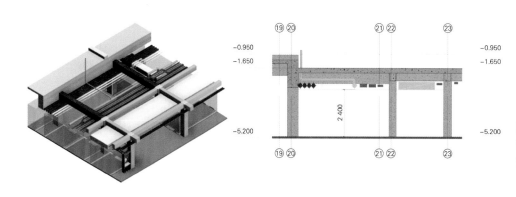

图 10　碰撞检查、净高分析、管线综合图

4. 机房深化设计、机电管线出图

地库设备用房设计是机电设计的难点之一,项目在初步设计阶段通过模型分析各净高敏感区域竖向净空条件,反复调整、验证,确保机房落位的合理性。在施工图阶段,对机电设备机房、管线排布进行了精细化设计,进而提高了空间利用率,并用模型直接导出机房大样详图,为后期顺利施工提供坚实的基础(图 11)。

5. 室外管网 BIM 设计

针对室外所有的管线系统建模,通过模型分析可以发现管道碰撞、交叉、覆土不足、错漏等问题,在设计阶段把管线进行优化与调整,有效避免了返工及成本浪费(图 12)。

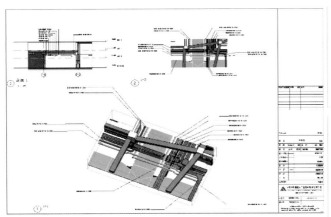
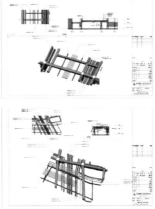

图 11　机房深化设计及 BIM 出图

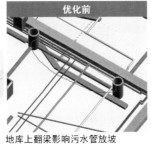
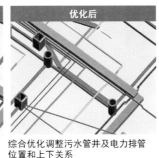

地库上翻梁影响污水管放坡　　综合优化调整污水管井及电力排管位置和上下关系

图 12　室外管网优化前后对比

6. 装配式 BIM 设计

项目采用装配式混凝土剪力墙结构体系,预制率为 40.35%,预制装配式设计全部采取 BIM 出图模式。预制阳台 BIM 设计流程如图 13 所示。

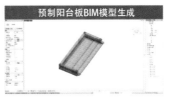

图 13　预制阳台 BIM 设计流程

7. 设计协同管理平台

项目在设计阶段应用设计协同管理平台(图 14),实现了进度管理、质量管理、成果管理、批注管理等应用。

8. 弹性化户型设计

本工程户型设计采用 Revit 约束嵌套关系的参数化技术,结合项目业主诉求进行多维度分析并确定相应解决方案。通过"控制线"控制整体户型开间及进深数据,实现多专业联动参变,并关联工程量及图纸输出,实现一键化操作,极大地提高了工作效率(图 15)。

图 14　设计协同管理平台界面

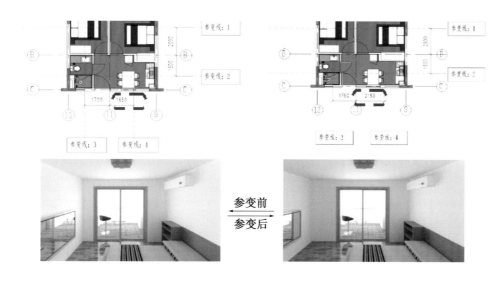

参变前
参变后

图 15　弹性化户型设计图

9. 租赁住宅使用说明书

本项目为租赁住宅,后期的使用者会不定期更换,考虑到这方面因素,本项目在项目实施阶段编制了 BIM 版租赁住宅使用说明书,为后期落实做好了准备工作。

BIM 版租赁住宅使用说明书具体内容包括:

(1) BIM 模型交付内容;

(2) BIM 模型交付命名及格式;

(3) BIM 模型所有系统构件包含构件名称、几何形状、尺寸信息、材质信息,并规定构件命名规则及构件应包含的信息。

本项目通过 BIM 模型,将租赁住宅的标准具体化,使其直观形象地展示给租房者。租赁住宅使用说明书示意见图 16。

4.2.2　施工阶段 BIM 应用

1. 复杂节点深化

施工方对项目中相对较为复杂的节点进行了 BIM 深化设计,验证了节点的准确性。复杂节点示意图见图 17。

2. 机电管线深化设计

机电施工单位充分考虑施工安装空间、设备的具体型号尺寸、设备管线安装顺序等因素,在施工准备阶段对不符合施工要求的情况,多次与各参建方进行沟通反馈,在施工前期调整完成,确保管线安装的可实施性(图18)。

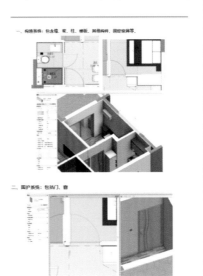

图 16 租赁住宅使用说明书示意

图 17 复杂节点示意

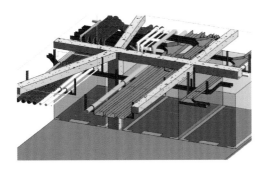
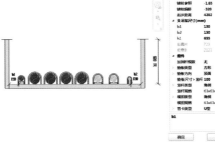

图 18 管线深化排布示意

3. 施工场地布置

在施工准备阶段,施工方提前绘制施工平面布置图(图19),合理规划材料堆场、临建设施、大型机械以及现场的交通组织,保障现场各项工作的顺利开展。

4. 施工进度模拟

施工方以BIM模型为基础,结合项目进度,对项目进行了施工进度模拟(图20),确保项目施工的正常推进。

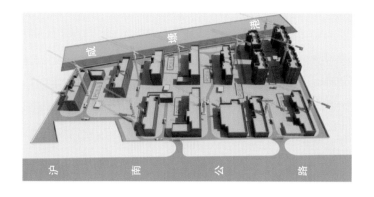

图 19　场地布置示意

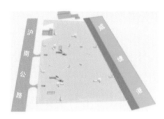

(a) 桩基围护施工

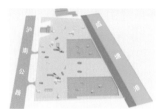

(b) 土方开挖

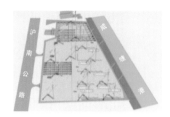

(c) 底板及换撑施工

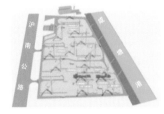

(d) 整体出正负零

(e) 主体结构全部封顶

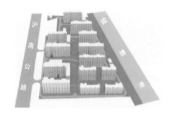

(f) 施工完成

图 20　施工进度模拟示意

5. 施工样板段模拟

施工方通过对施工样板段进行虚拟展示,及时发现并解决了相关问题,同时让操作人员提前熟悉工序(图 21)。

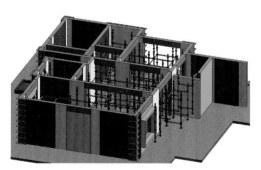

(a) 工法楼盘扣架布置

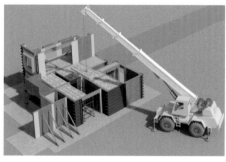

(b) 工法楼叠合板吊装

图 21　施工模拟示意

6. 安全防护规划及 VR 安全教育

将 VR 技术应用于建筑安全教育,让体验人员深切感受到"安全可以演练,生命不能彩排",达到了安全教育的目的。施工人员增强了安全意识,才会有行动上的自觉。

5　总结与展望

　　浦东新区航头拓展大型居住社区,是浦东新区中部地区规模最大的租赁房小区,一直以来备受各界关注,建设方对工程品质要求较高。全面应用 BIM 技术在提高管理效率、提升设计品质、提升工程质量、节约施工工期等方面为整个项目全生命周期创造了较高的价值。

　　在整个项目实践的过程中,各项目参与方通力配合,协同工作,根据项目 BIM 实施的总体目标和要求,结合自身的特长和能力,较好地完成了 BIM 应用的具体工作,实现了项目 BIM 应用的总体价值,也为参建方自身创造了较好的经济效益。

(供稿人:严　阵　房金龙　沈　飞　管启明　席江峰)

专家点评

　　浦东新区航头拓展大型居住社区 01-03 地块租赁住房项目,是一个大型的租赁住房项目,如何在保证品质的前提下,更快、更好地完成各阶段工作是一项难题,BIM 技术的介入起到了很大的辅助作用。

　　该项目 BIM 技术应用的突出亮点有:

　　(1)目标明确。该项目重点对地库管线综合和地上户型设计这两大痛点、难点,在设计和施工阶段分别进行了优化设计,包含碰撞检查、净空优化、管线综合等应用,解决了很多施工图设计阶段存在的各专业"打架"的问题。

　　(2)规范操作。该项目 BIM 设计严格按照国家和上海市 BIM 相关标准执行,并完成了机房深化设计和预制装配式建筑设计出图工作。

　　(3)拓展研究。该项目 BIM 设计过程中,应用模型结合设计规范与绿色建筑的要求,对自然采光、户型眩光、室外风环境等进行了模拟研究,确保了户型设计满足住户的舒适度要求。

　　BIM 技术在该项目中,除了在建筑性能模拟分析、碰撞和三维管线综合设计、机电管线出图、室外管网综合设计、设计协同管理等常规方面的应用之外,还在户型设计的比选和弹性化设计阶段起到了重要的作用,使 BIM 技术运用到更多的建筑设计工作中去,具有非常积极的参考意义。

星空之境海绵公园
——探索海绵公园数字化应用

图1 项目效果图

1 项目概况

1.1 基本情况介绍

星空之境海绵公园位于上海临港新片区滴水湖核心区二环城市公园带核心区,占地面积约 57 hm²,总投资 15 亿元,是全国第二批海绵试点城市的重点建设项目。项目采用设计(勘察)施工运维一体化的 DBO 创新模式,建设期 3 年,运维期 15 年,围绕景观海绵双示范的核心理念,主要包括景观种植、海绵生态、河道整治、配套建筑及景观桥梁等五大建设工程。

本项目由港城集团直属上海临港新城建设工程管理有限公司承建,中国城市发展规划设计咨询有限公司、中国建筑设计研究院有限公司负责设计,中国建筑第八局工程局有限公司负责施工及 BIM 技术应用。项目效果图见图 1。

1.2 项目特点

临港新片区围绕"世界海岸、未来之城"的发展理念,将南汇新城建设成为近悦远来的世界级文旅先锋地,星空之境海绵公园是重要的功能承载,是具有未来科技感的重大工程项目。星空之境海绵公园项目总设计师是 2008 北京奥运会主体育场"鸟巢"中方总设计师——李兴钢大师,负责把关项目总体设计品质及效果。项目设计始终围绕两个示范、四大目标、八大亮点的核心理念,通过项目的整体建设品质、服务功能,提升城市活力,带动周边区域共同发展。项目作为海绵城市建设重要组成部分,除向公众展示初期雨水净化、雨水蓄存及生态净化补水等常规海绵功能外,还精心打造景观生态廊道、城市雨水滞蓄净化等一系列特色海绵设施,项目海绵效果展示见图 2。

星空之境海绵公园建设的先行试验区于 2019 年 12 月顺利通过了国家三部委的海绵试点城市联合验收,也经受住了"利奇马""米娜"等超强台风和汛期集中暴雨的实践考验。

星空之境海绵公园作为 DBO 一体化项目,统筹项目前期的设计施工及后期的运维管养,通过应用 BIM 可视化技术,在传统建设要求的基础上,进行了更深层次地研究与优化,确保项目最终的实施效果和运行指标能够满足海绵城市绩效考核要求,同时努力为社会公众带来景观海绵双示范的高品质休闲科普体验。

1.3 BIM 组织架构

根据《上海市建筑信息模型技术应用指南》的要求,本项目由业主方主导,由星空之境项目牵头方团队配合业主方和 BIM 顾问团队进行总协调,组织设计单位、施工总包单位、运维团队、其他专业分包单位及供应商。来完成项目建设按

BIM 项目管理和 BIM 专项技术,组建高效专业的 BIM 团队,为抓实应用目标和成效,提供了坚实的组织保证。项目 BIM 组织架构见图 3。

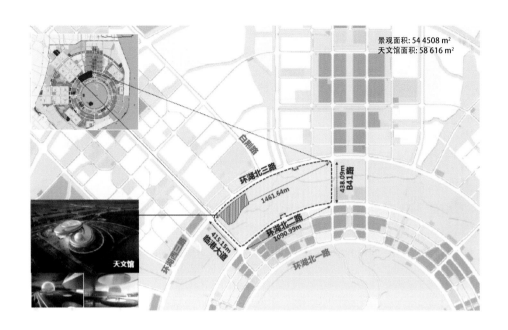

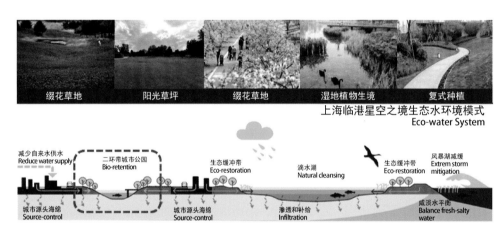

图 2 项目景观海绵效果展示

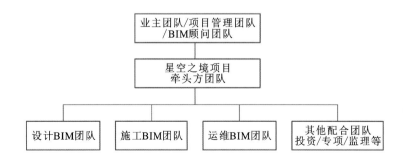

图 3 项目 BIM 组织架构

2 项目应用介绍

2.1 BIM 应用目标

根据星空之境海绵公园设计(勘察)施工运维一体化的 DBO 模式特点,项目将全生命周期划分为三个主要阶段,即设计阶段、施工阶段、运维阶段;并逐步细化不同阶段的技术要求,尝试进行 BIM 技术的具体应用和探索。

2.2 设计阶段的 BIM 技术应用

星空之境海绵公园项目具有多专业交叉融合、建筑物形态复杂、设计建造周期短、场地空间尺度大等设计难点,在建设过程中,不仅要考虑公园后期的运维管理,还要结合上海天文馆和海绵城市的建设目标,最终明确项目总体设计理念为:以星空之境为主题,以艺术地形为特色,以海绵技术为内核,以科普休闲为内容,打造可观可游、可玩可赏、可学可研,具有生态特色主题的海绵公园。因此,设计阶段的 BIM 技术应用主要体现在设计优化、参数化设计、数据效果分析等方面。

2.2.1 BIM 优化设计

BIM 技术在复杂性形体的创建与加工方面具有一定的优势,能够为建筑风格设计带来更多的可能性。方案设计借助 BIM 可视化技术对纸飞机、星光宝盒、失重星球等复杂形体的建筑进行方案优化,实现平面化的功能与三维化的空间形态基于 BIM 模型的一体化设计。失重星球 BIM 模型如图 4 所示。

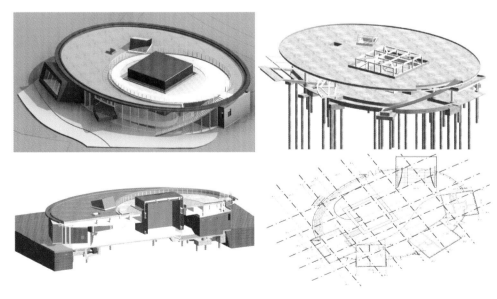

图 4 失重星球 BIM 模型

通过 BIM 模型深化设计桥梁、景观等专项节点，检查建筑、机电等各专业设计间的碰撞问题，修改设计错漏，并应用 BIM 模型辅助出图，降低现场施工的难度，提高施工质量及效率，节省造价与工期。图 5 为星光宝盒局部机电 BIM 模型。

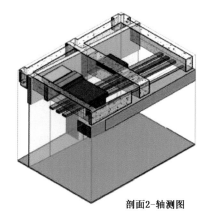

剖面2-轴测图

图 5　星光宝盒局部机电 BIM 模型

本项目采用非冲突的 BIM 协同设计，设计人员在同一信息平台上进行多专业、多工种创作设计，提高了设计效率，节省设计时间；通过集成模型的数据，减少技术盲点及错漏，提高设计品质。

2.2.2　BIM 参数化设计

1. 海绵城市参数化设计

根据临港新片区海绵城市系统方案设计原则，对公园及周围区域的雨水进行系统设计，实现雨水源头削减、净化资源化利用以及降雨径流安全排放，采用内外共治、专业同治、智慧管治的技术体系，有效地解决临港水问题。

在设计过程中，充分利用 BIM 技术的参数化设计优势，通过计算模型参数，合理分析地形及管网条件，模拟计算透水铺装工程面积、雨水花园工程的实施范围和屋面绿化覆盖率，计算参数(图 6)。

图 6　海绵城市 LTD 参数化计算界面

采用 BIM 模型进行数据分析，设计合理的海绵技术方案，规划最佳的水系径流方向，合理排布综合管线的线路走向，精确分析管道间距，确保最优海绵设计方案的落地实施。

2. 异形结构参数化设计

本公园的单体建筑"失重星球"，其 BIM 模型如图 4 所示，该建筑形体为椭圆，平面长轴约 36 m,短轴约 26 m,对建筑造型设计要求较高,仅在椭圆轮廓线布置功能用房,其余位置要求通透且内部无柱,这将增大梁的跨度。由于主入口处弧形梁的弧长约 23 m,直线跨度约 20.6 m,采用箱型截面梁并向内伸一跨的结构设计,承载作为屋顶主要受力梁的荷载。建筑结构采用 BIM 模型参数化设计,不断优化平动因子 + 扭转因子的参数,分析出可在框架柱处设置钢骨并与钢梁连接,解决屋盖梁跨度大、梁受力大以及截面大的问题,同时减轻自重,在安全、耐久的前提下,节约了投资造价。结构参数化计算表见表 1。

表 1 结构参数化计算表

计算程序		YJK2.0.1
第 1 平动周期 T_1(平动因子 + 扭转因子)		0.099 6
第 2 平动周期 T_2(平动因子 + 扭转因子)		0.086 8
第 1 扭转周期 T_3(平动因子 + 扭转因子)		0.066 3
第 1 扭转/第 1 平动周期(T_3/T_1)		0.87
有效质量系数	X	95.94%
	Y	95.66%
地震作用下最大层间位移角(层号)	X	1/999 9
	Y	1/999 9
风荷载作用下位移角最大层间位移角	X	—
	Y	—
考虑偶然偏心最大扭转位移比(层号)	X	1.17
	Y	1.32
剪重比/%	X	6.223
	Y	5.923
最小楼层抗剪承载力之比	X	1.0
	Y	1.0
最大轴压力		满足

2.2.3 BIM 模型数据分析

由于本公园的场地空间尺度大,在土石方工程设计计算过程中易产生误差,因此在总体场地设计阶段,利用无人机航拍,并通过对原始地形进行网格化数据建模(图 7),科学制定土方平衡方案,从而减少了土方开挖及外运,缩短了施工工期。

图 7 场地 BIM 模型

本项目创新使用了 3D 可视化"植物数据库"模型(图 8),根据设计效果需求及时调整景观绿植搭配,最终依据 BIM 模型效果直接出图,并在苗木优化的过程中,直接完成树种的统计及养护信息的录入,为后期运维奠定基础。

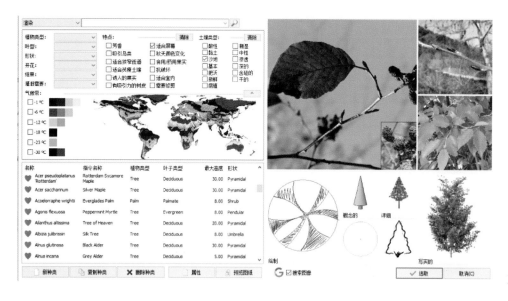

图 8　植物数据库 BIM 模型

2.3　施工阶段的 BIM 技术应用

星空之境海绵公园施工阶段的 BIM 技术应用主要由中国建筑第八工程局有限公司(以下简称"中建八局")技术团队负责,自 2012 年,中建八局搭建了"中建八局族库管理系统"平台,实现了族库模型在全局范围内的共享,2015 年开发了"中建八局 BIM 快速建模系统",大幅提高了 BIM 建模水平。同时,项目在大规模较成熟地应用各类专业 BIM 相关软件的基础上,选用了包括 Revit 系列软件及 Navisworks,Synchro 等在内的适合建筑施工企业的 BIM 软件。

2.3.1　软件环境建设

为保证 BIM 建设工作顺利开展,本项目专门建立了符合项目特点的 BIM 实施软件及硬件环境,建筑、结构、机电、室内等专业进行设计时,采用了 Autodesk Revit 2020 版系列软件产品,项目 BIM 软件配置一览表详见表 2。该项目推进过程中,BIM 管理团队还对项目管理人员进行了专项培训及应用指导。

表 2　　　　　　　　　　　BIM 工程师软件配置一览表

软件类型	软件名称	版本
三维建模软件	Autodesk Revit	2020
建模辅助插件	中建八局 BIM 快速建模系统	2019
企业标准族库平台	中建八局族库平台	2019
钢结构建模软件	Tekla Structures	21.0
幕墙建模软件	Rhino	6.0
3D 扫描建模软件	ContextCapture	4.4.9

软件类型	软件名称	版本
模型整合平台	Navisworks Manage	2020
二维绘图软件	Auto CAD	2020
三维渲染软件	Lumion	9.0.2
文档生成软件	Microsoft Office	2016 专业版
4D 模拟软件	Synchro 4D	2020
BIM 综合管理平台	中建八局 BIM 管理平台	2020

2.3.2 土建结构深化应用

通过 BIM 模型，土建结构专业进行了预留洞口、预埋件位置等施工图纸深化；对一次结构等后期返工成本较大的施工，提前进行施工方案模拟，排除施工不合理因素。二次结构作为建筑工程的主要组成部分，其细部节点繁多，传统的施工方式与现场管理条件难以实现精细化，普遍存在严重浪费、损耗的现象，利用 BIM 技术，在施工前将所有砌块、圈梁、构造柱、导墙、顶砖、门窗洞口及过梁的空间位置预先做好定位，并统计工程量，如图 9 所示，同时将非标准砌块、非标准构件提前做好工厂式加工，并将所需构件、材料有针对性地提前运输至相应区域，取得了降低施工材料耗损率、降低施工成本等应用成效。

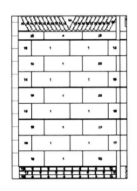

PM_内墙_普通砌块_200-2577087-剖面视图

排砖明细表

类型	材料	编号	规格	单位	工程量
砌体墙	蒸压加气混凝土砌块	1	600x200x240mm	块	12
导墙	实心蒸压灰砂砖	10	81x115x53mm	块	2
导墙	实心蒸压灰砂砖	11	201x115x53mm	块	1
导墙	实心蒸压灰砂砖	12	180x115x53mm	块	2
导墙	实心蒸压灰砂砖	13	60x115x53mm	块	1
塞缝砖	页岩多孔砖	14	166x115x234mm	块	21
塞缝砖	页岩多孔砖	15	159x115x234mm	块	1
砌体墙	蒸压加气混凝土砌块	16	200x200x240mm	块	4
砌体墙	蒸压加气混凝土砌块	17	186x200x240mm	块	1
砌体墙	蒸压加气混凝土砌块	18	186x200x240mm	块	3
砌体墙	蒸压加气混凝土砌块	19	400x200x240mm	块	4
砌体墙	蒸压加气混凝土砌块	20	529x200x240mm	块	1
砌体墙	蒸压加气混凝土砌块	21	529x200x240mm	块	3
砌体墙	蒸压加气混凝土砌块	22	400x200x133mm	块	1
砌体墙	蒸压加气混凝土砌块	23	529x200x133mm	块	1
砌体墙	蒸压加气混凝土砌块	4	600x200x133mm	块	1
导墙	实心蒸压灰砂砖	9	240x115x53mm	块	15

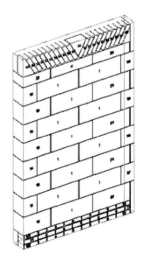

PM_内墙_普通砌块_200-2577087-三维视图

图 9 二次结构深化排砖详图

对于综合布管图、综合布线图的深化，可利用 BIM 三维可视化模型进行机电专业深化设计,有别于传统的 CAD 叠图方式。利用 BIM 的三维技术在前期可以对各专业之间空间碰撞、管道综合排布、构件空间位置排布等问题进行检查,不仅能够降低在建筑施工阶段可能存在的错误损失和返工的可能性,还可优化管线排布方案,保障建筑的舒适净空。

BIM 应用中直观的三维管线方案(图 10),可提高施工交底、施工模拟工作效率,同时输出基于 BIM 模型准备的机电综合管道图(CSD)及综合结构留洞图(CBWD)等施工深化图纸,形成支持快速浏览的 NWC 和 DWF 等格式的模型和图纸,以便查看和审阅,提高了各参建单位的沟通工作效率。

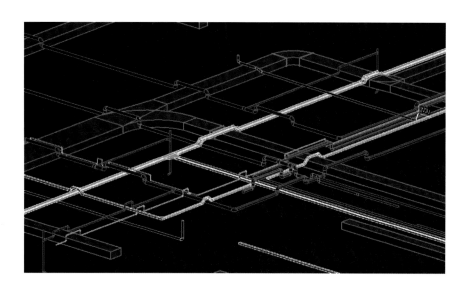

图 10　局部综合布管优化

2.3.3　景观园路地形的深化应用

施工 BIM 团队通过"Civil3D 部件编辑器"进行了参数化建模,并利用可视化道路横断面绘制路基剖面图,不仅有效地指导后续施工,还可在后期运维阶段提供附有道路结构信息的道路模型。

此外,还采用无人机倾斜摄影技术及 RTK 测量办法,提取项目场地数据,并利用 Civil3D 进行景观地形设计、布局优化、竖向分析及土方计算等。图 11 为项目景观园路地形 BIM 应用成果展示。

2.3.4　专项工作深化设计应用

1. 钢结构工程

通过 Tekla Structures 真实模拟进行钢结构深化设计,利用软件提供的参数化节点设置自定义所需的节点,构建三维 BIM 模型(图 12),将复杂施工可视化、参数化;经深化设计后再将模型转化为施工图纸和构件加工图,用于指导现场施工。

2. 幕墙及室内装修工程

幕墙工程:利用 Rhino 模型明确幕墙与结构连接节点、幕墙分块大小、缝隙处理、外观效果、安装方式,指导幕墙加工制作及现场安装施工。

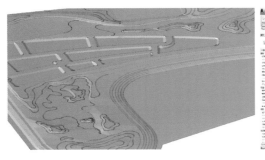

(a) 设计地形建模

(b) 倾斜摄影

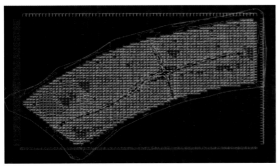

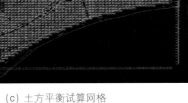

(c) 土方平衡试算网格

(d) 三维地形种植模拟

图 11 景观园路地形 BIM 应用

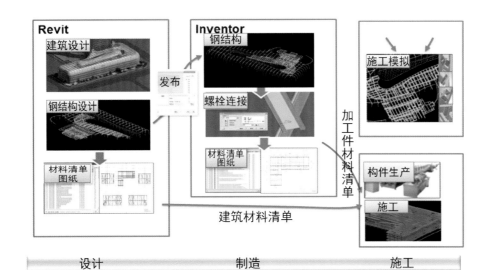

图 12 预制钢构件加工 BIM 深化设计

　　装饰工程:采用传统 CAD 图纸并不能直观地展现装饰装修工程的最终效果,通过 BIM 可视化功能,可更加真实、精准地表现室内设计方案的视觉效果和空间感受,让更多不具备专业技能的用户,参与把关装修方案效果(图 13)。在工程施工过程中,通过室内 BIM 模型模拟样板施工效果,指导现场施工工艺,经比对模型施工效果后再实施,减少设计变更,确保设计与现场效果一致,提高施工品质。

图 13　装饰装修深
化设计 BIM 模型

2.4　运维阶段的 BIM 技术应用

本项目是国内为数不多的设计建设运维一体化的综合型城市公园,向市民游客提供海绵科普、科技展示、休闲娱乐等功能,在海绵城市建设体系中明确要求,将项目运行效果作为约束要件。从项目建设伊始,就将运维阶段的应用效果作为项目成败的关键,在设计建设中始终秉承以"管"为先的理念,贯穿项目运维要求,指导设计与施工的工作推进,促使项目后期运行与管养必须通过 BIM 可视化技术以及其他信息化技术,进一步提高运维效率,力争在投资限额内完成项目运维的既定目标。

2.4.1　BIM 在运维管理中的应用方向

(1) 运维管理可视化:在调试、预防和故障检修时,运用三维 BIM 模型确定机电、暖通、给排水和强弱电等机电设备在建筑物中的位置。

(2) 应急管理决策:利用 BIM 模型,提前模拟现场可能发生的突发事件,评估突发事件导致的损失,并且对响应计划进行讨论和测试。

(3) 空间信息查询:实现三维建筑模型中的区域、内部空间以及构件信息的查询,查询结果以标识标明或表格数据输出。

(4) 经营出租管理:对出租经营的空间以及出租情况进行统计查询。

(5) 设备设施管理及维护:对于建筑主体及围护结构的相关设备设施的信息查询及维护;制定维护方案,自动启动维护检测流程,并提醒责任部门进行维修。

2.4.2　智慧公园、智慧水务管理平台

依托设计、施工阶段搭建的 BIM 信息平台,并将物联网、云计算技术与 BIM 模型、运维系统、移动终端等相结合,本项目搭建了智慧公园、智慧水务管理平台(图 14)等辅助系统,并结合景观、建筑空间的三维演示,实现了苗木养护、自动喷灌、生态监测、节能照明、智能灯杆、应急指挥、游客意见反馈的智慧化管理,做到

对园区的实时管理、应急预防、及时处置,大幅提升了园区运维管理效率。

智慧管理功能								
视频监控	智能井盖	综合一张图	电子巡更	智能用电	智能WIF	SOS报警求助	智能广播	智能路灯	智能诱导
安防监控	井下水质水位监测	电子地图	移动端实时定位	分路用电量监测		设备定位管理	统一广播	太阳能储能	电子展示屏
红外夜视	井下空气监测	设备维护	轨迹查询			一键连接监控中心	分组广播	寒区抗冻	精准定位
游人商贩监测游人人员管理	环境数据	位置纠偏	远程呼叫	远程控制		安保就近协助	自动广播	风廊风雨监测	
	联网报警	安检监控					双向呼叫		扫码内容展示
		应急指挥							

智慧检测功能	
环境监测	设备检测
PM值	联网状态检测
温湿度	用电状态检测
负氧离子	
噪音	

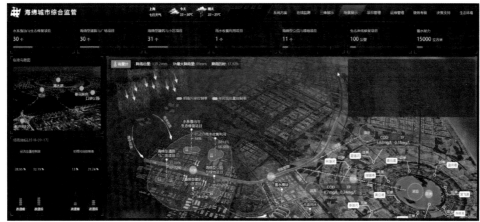

图 14 智慧公园、智慧水务管理平台

3 结论与展望

当前 BIM 技术已广泛应用于建筑工程、市政道路桥梁工程等领域,但在景观绿化工程中,应用案例相对较少。

星空之境海绵公园作为涵盖景观、海绵、河道、建筑桥梁等工程内容的综合性公园,通过 3D 可视化建模、智慧大数据平台等技术支撑,进一步探索了 BIM 技术在多专业综合性项目领域的应用与发展,努力完善项目在设计、建设、运维等全生命周期中各阶段的系统化、信息化管理,在确保项目整体实施品质的前提下,把控住项目投资总额,实现了较好的经济效益,发挥出应用 BIM 技术后的综合价值。

(供稿人:宋从伟 胡 琳 唐晓云 李 晖 柳仲宝 李 宁)

专家点评

　　星空之境海绵公园作为全国第二批海绵城市试点的重点建设项目,项目涵盖专业多,其采用设计(勘察)施工运维一体化的DBO创新模式,在BIM技术应用方面特点也较为鲜明,主要包括以下几点:

　　(1) 作为海绵城市建设项目,利用BIM可视化技术以及数据分析模型规划出最佳的径流方向,并合理排布管线走向,编制出最优的海绵竖向系统方案。

　　(2) 项目加强了BIM可视化技术在景观绿化种植方面的应用创新。利用3D可视化"植物数据库",根据设计效果需求及时调整景观绿植搭配;通过对原始地形建模,科学制定土方平衡方案,减少了土方开挖及外运。

　　(3) 结合项目DBO的特性,利用设计、施工阶段搭建的BIM信息平台,将大数据云计算技术与BIM模型、移动终端相结合,进行智慧公园、智慧水务系统的信息化、智能化建设,将设计、施工、运维各阶段数据有机整合,大幅提升了园区运维管理效率。

　　星空之境项目目前还在建设过程中,对于景观种植和智慧公园、智慧水务平台建设与BIM技术的结合,还需要进一步细化和调整,希望在后续建设运维中还能为项目提供更多的优化建议。

集成的技术＋集成的智慧
——张江科学会堂全过程 BIM 应用

图 1　项目效果图

1 项目基本情况

张江科学会堂项目,位于上海浦东新区张江中区 41-07 地块,西邻哥白尼路,南靠海科路,北临川杨河。本项目由上海张江(集团)有限公司开发,法国 2Portzamparc 事务所负责方案设计,华东建筑设计研究院有限公司负责施工图设计(以下简称"华东院"),上海建工集团一建公司承建。

项目总占地面积为 39 039 m²,总建筑面积为 115 550 m²,其中,地上总建筑面积为 65 091 m²,地上计容总建筑面积为 58 559 m²,地上不计容总建筑面积为 6 532 m²,地下总建筑面积为 50 459 m²。建筑高度为 50 m,地上 6 层(局部有夹层),地下 2 层。张江科学会堂定位于面向国际的科技论坛、交流、会务、展示的活动场所,体现科学会堂的仪式感、标志性与显示度;建筑功能以会议为主,兼顾与会议有关的展览展示、演示、发布、宴会等功能。张江科学会堂是一个呈阶梯状螺旋上升形态的建筑,其立面的不规则三角形瓷板、变截面幕墙龙骨、多边形玻璃、无柱大跨展厅和宴会厅空间、组合箱型截面大堂旋转楼梯等具有丰富的空间视觉效果,强化了室内室外装饰的整体感,展现了室内外一体化设计理念,体现了建筑与结构形式的完美融合(图 1)。

2 BIM 组织架构

根据《上海市建筑信息模型技术应用指南》的要求,本项目由业主方主导,设计单位、总承包单位、专业分包单位和供应商根据要求组建自身 BIM 团队,形成 BIM 应用能力。业主制定项目标准与管控措施,统筹和管理整个 BIM 团队(图 2)。

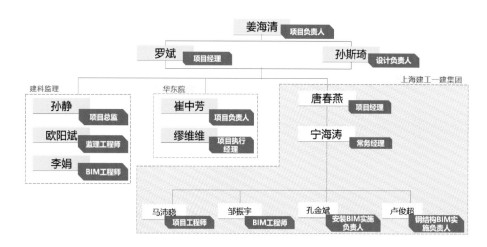

图 2 BIM 组织架构

3   项目应用介绍

本项目应用 BIM 技术,旨在减少设计变更,提升施工品质,加快施工进度,优化项目成本,实现虚拟建造。BIM 团队通过建立 BIM 协调平台支持各专业协同设计,在施工前提早发现问题,优化设计,针对难点工艺进行模拟建造,将成本信息与模型相关联,对构件进行初步算量等来实现项目 BIM 应用目标。

3.1   BIM 技术应用范围和阶段

BIM 技术应用范围和阶段如图 3 所示。

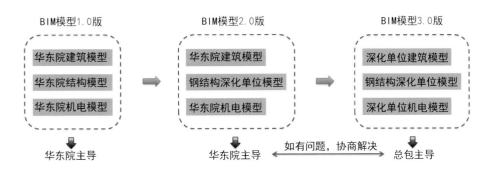

图 3   BIM 技术应用范围和阶段

3.2   项目各阶段应用点及成果展示

3.2.1   项目前期

项目前期,按照《上海地区 BIM 标准》建立了 BIM 指导书,用于指导后续 BIM 工作的展开。样板文件根据本项目特点、设计标准、上海地区 BIM 标准及华东院内部 BIM 标准分别制定样板文件 RTE。同时,明确项目 BIM 应用组织架构和职责分工,并根据工作职责范畴,将 BIM 模型进行拆分,使参建各方在同一中心文件的基础上协同工作。样板文件包含文件命名、视图命名、族命名、视图样板、工作集设定、对象线型设置、过滤器设置、文字设置、标注设置等。

3.2.2   方案阶段

在方案阶段,BIM 团队与方案设计方合作,通过 BIM 三维模型进行了建筑形体分析和方案的讨论、改进,通过结构建模分析结构受力情况及建筑造型的可行性,并以三维模型为基础绘制效果图(图 4)。

3.2.3   初步设计阶段

初步设计阶段的建模成果:BIM 模型 1.0 版。

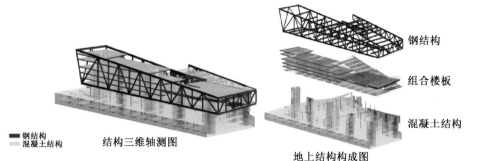

钢结构
组合楼板
混凝土结构

■钢结构
混凝土结构

结构三维轴测图

地上结构构成图

图 4　方案设计阶段 BIM 模型

此阶段结合方案设计方创建的建筑模型,完成建筑、结构、机电模型统一创建,模型深度及构建要求满足以下工作需求:检查土建碰撞;将斜吊顶作为机电管线排布的限制条件;协调斜吊顶和防火卷帘布置的关系;竖井协调调整;建筑与结构平面、立面、剖面检查。图 5 为土建碰撞检查成果。

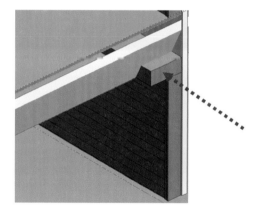

图 5　土建碰撞检查

3.2.4　施工图设计阶段

施工图设计阶段建模成果:BIM 模型 2.0 版。

该阶段建筑模型进一步细化,确定各个空间标高、净高,以及幕墙边缘和结构板边线的关系,结合机电和结构模型,控制和细化主要空间的净空高度,进行碰撞检测及协调机电三维管线调整,完成管线综合优化。

1. 细化建筑屋顶设计

本项目屋顶为阶梯状螺旋上升式绿化屋顶设计,施工图设计具有较大难度。BIM 团队根据方案设计方完成面设计和结构提资,重新利用 Revit 模型准确确定位置标高,整理屋顶提资,各专业配合完成屋顶绿化设计(图 6)。

2. 幕墙深化设计

项目幕墙系统繁多,结构复杂,方案设计方频繁更改,BIM 团队根据方案设计方完成面设计,利用 Revit 模型准确确定各层结构板边线和结构形式,保证建筑美观和结构合理性。同时根据国内规范要求,增加消防救援窗、固定窗等,调整幕墙可开启扇形式,核实与室内房间隔墙关系(图 7)。

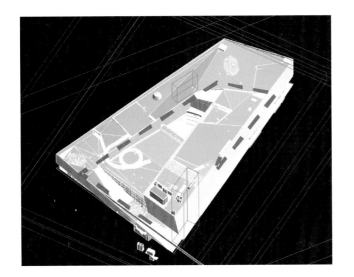

图 6　屋顶模型

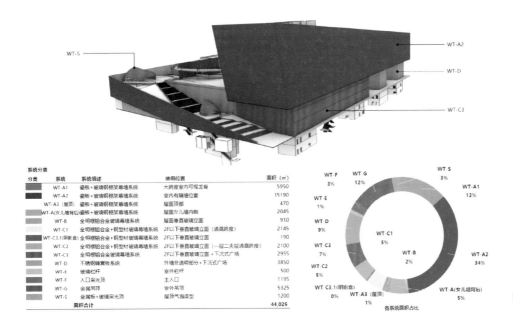

系统分类				
分类	系统	系统描述	使用位置	面积（m²）
	WT-A1	瓷板＋玻璃钢框架幕墙系统	大跨度室内可视龙骨	5950
	WT-A2	瓷板＋玻璃钢框架幕墙系统	室内有隔墙位置	15190
	WT-A3（屋顶）	瓷板＋玻璃钢框架幕墙系统	屋面顶部	470
	WT-A（女儿墙背后）	瓷板＋玻璃钢框架幕墙系统	屋面女儿墙内侧	2045
	WT-B	全明框铝合金玻璃幕墙系统	屋面垂直玻璃立面	910
	WT-C1	全明框铝合金＋钢型材玻璃幕墙系统	2FL以下垂直玻璃立面（通高跨度）	2145
	WT-C3.1（阴影盒）	全明框铝合金＋钢型材玻璃幕墙系统	2FL以下垂直玻璃立面	190
	WT-C2	全明框铝合金＋钢型材玻璃幕墙系统	2FL以下垂直玻璃立面（一层二夹层通高跨度）	2100
	WT-C3	全明框铝合金玻璃幕墙系统	2FL以下垂直玻璃立面＋下沉式广场	2955
	WT-D	不锈钢蜂窝板系统	外墙非透明部分＋下沉式广场	3850
	WT-E	玻璃栏板	室外栏杆	500
	WT-F	入口采光顶	主入口	1195
	WT-G	金属吊顶	室外吊顶	5325
	WT-S	金属板＋玻璃采光顶	屋顶气泡造型	1200
			面积总计	44,025

各系统面积占比

图 7　幕墙模型

3. 建筑平立面协调

（1）站在大台阶可透过玻璃幕墙看到一层吊顶内的管线与龙骨，有碍美观，故与结构专业协调，在此处补充 6.020 标高结构板（图 8）。

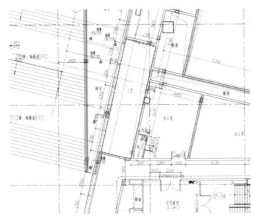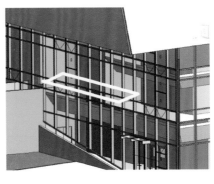

图 8　6.020 标高增设结构板示意

（2）商务区与公共大厅 1 之间的防火卷帘位置与吊顶形态发生碰撞，故与建筑专业协调修改防火卷帘的位置（图 9）。

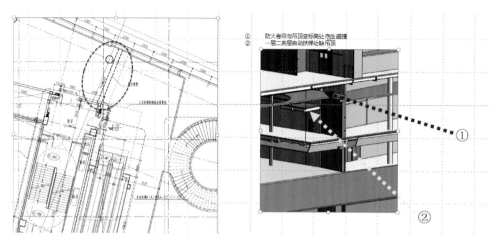

图 9　防火卷帘位置修改示意

（3）Revit 模型体现地下室车道内局部降板，为保证标高处基础直观，各专业基于此模型进行拍图。对建筑物的竖向设计空间进行检测分析，合理安排结构和机电排布方案，并给出最优的净空高度。

结构 Revit 模型要素与实现方式如表 1 所示。

表 1　　　　　　　　　　　结构 Revit 模型要素与实现方式

结构 Revit 模型要素	实现方式
截面信息	计算模型→Revit
构件定位	建筑模型
楼面细节布置	标高及降板 幕墙配合 电梯配合 设备——板洞、墙洞、梁洞、基础 楼梯
输出形式与三维可视化	PDF/DWG/3D PDF

4. 机电管线综合优化

张江科学会堂屋顶板形态丰富，结构构件（例如屋面的折桁架、折梁等）易通过三维模型找型（图 10），同时建筑净高要求高，机电管线空间有限，在三维模型中检查管线的碰撞,优化机电管线排布,协同各专业设计进行方案优化。

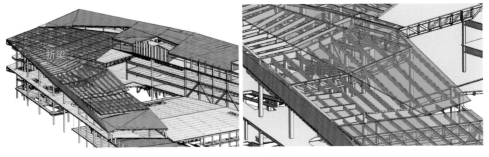

(a) 屋面的折桁架

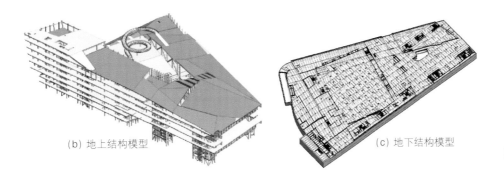

(b) 地上结构模型　　　　　　　　　(c) 地下结构模型

图10　结构模型

　　BIM团队将管线综合布局进行了优化,建立了优化原则,在保证空间布局满足的情况下,结合管线维修条件,合理布局管线空间位置。

　　(1) 通过Revit模型实现各个功能区域净高控制。如5层会议区域原整体控制净高3.9 m。通过BIM建模,10轴—11轴区域有冷却水主管及暖通主管道,无法满足3.9 m净高要求。故与建筑专业设计人员商定10轴—11轴区域局部标高降低,净高调整为3.4 m(图11)。

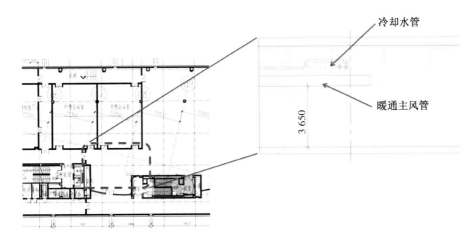

图11　区域净高调整示意

　　(2) 主会场区域与多功能厅区域线路末端路由调整(图12、图13)。

3.2.5　施工深化阶段

　　总承包单位介入后,通过BIM建模,并结合施工工序、施工习惯及施工工艺等因素,进一步深化了建筑、机电、结构模型,与设计单位共同协商解决模型碰撞问题(图14)。

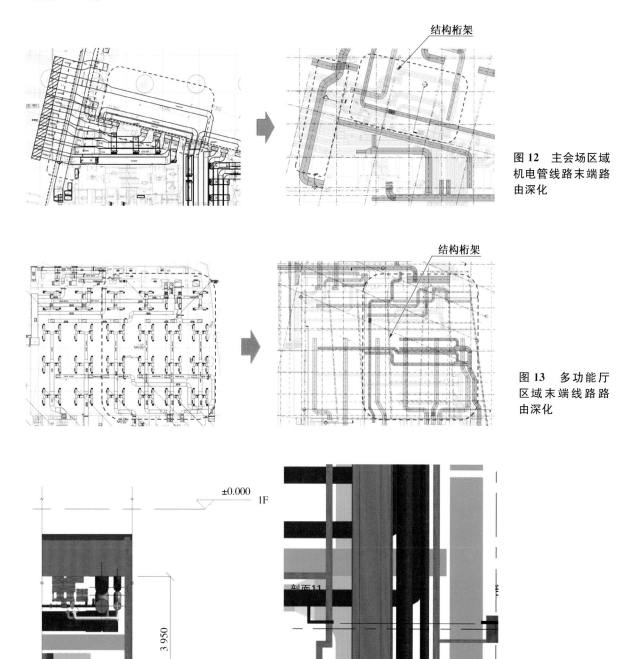

图 12　主会场区域机电管线路末端路由深化

图 13　多功能厅区域末端线路路由深化

图 14　机电深化

3.2.6　施工阶段 BIM 应用亮点

施工阶段 BIM 实施应用分为三个阶段,首先通过模型来呈现,将建筑实体数字化,然后通过平台服务于各条线的生产业务,实现多方协同的生产作业数字化,再把"人、机、料、法、环"这些生产要素集合,形成生产要素的数字化。最后把这些数据全都集中到管理平台,进行相应的呈现和数据分析,帮助现场人员进行决策。BIM+智慧工地项目管理平台架构如图15所示。

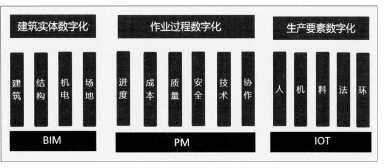

图 15 BIM＋智慧工地项目管理平台架构

1. 综合支吊架深化

施工 BIM 团队利用 BIM 技术对管线及综合支架进行了深化设计,将各专业管线与支吊架整合成一个统一的支架系统,最大限度地节省空间、加快施工进度、提高观感质量。

现场安装综合支架放样阶段,运用三维激光扫描仪对已完成施工的建筑结构进行现场扫描,然后将扫描的模型导入建立的三维模型中,进行比较核对,并调整机电模型。随后再运用三维激光全站仪进行现场管线支架放样,现场支架安装,将工程预制的机电管线进行现场拼装。

本项目已从传统的 2D 测量视图步入真正的 3D 测绘时代,实现三维测量,借助影像点云快速进行数据检核,使得管线走线更清晰、明朗,观感、质量均大大提高(图 16)。

图 16 现场 3D 测绘

2. 钢结构预制深化

本项目地上主体结构采用全钢框架结构,柱梁板均为工厂预制,采用 Tekla 深化建模,定尺排板,材料清单准确性高,采购期货、现场装配,并通过在悬挑区域对结构设置减振消能,提高结构安全性及舒适度(图 17)。

3. 辅助方案编制、交底

运用 BIM 技术可实现自动化快速地筛选,辅助超限梁及高排架专项方案编制,省去人为查找过程(图 18)。项目管理人员和现场技术作业人员可通过手机扫描二维码实时查看 BIM 模型、施工动画及交底文件,辅助现场进行技术交底(图 19)。

图 17　钢结构深化模型及现场照片

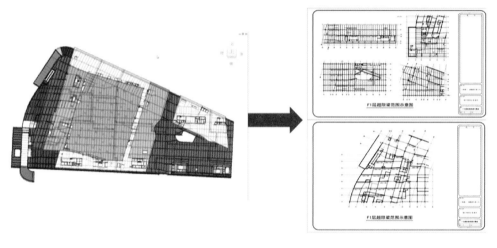

图 18　辅助超限梁专项方案编制

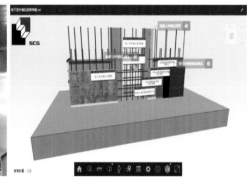

图 19　现场二维码辅助交底

4. 智慧化工地

(1) 劳务＋疫情管理。推行关于劳务实名制、智能门禁系统相关文件,将云平台和工地现场应用端结合形成劳务实名制系统,并落实常态化疫情管理的通知,通过门禁系统自动记录工人的体温,以保障工人的健康安全(图20)。

(2) 图纸变更平台化管理。通过运用变更管理系统,将所有设计变更、图纸会审记录、工作联系单等文件进行统一管理,建立变更台账,明确相关责任人,从而追溯每一条变更的进展情况,并且能够将所有变更定位到图纸及模型。项目管理人员通过移动端可以随时查阅相关情况,指导现场施工,并且所有文件统一归档,避免丢失,同时索赔时更有依据(图21)。

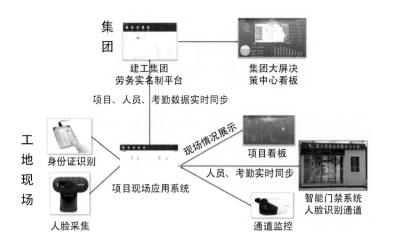

图 20　项目现场应用系统

图 21　图纸变更管理

（3）进度管理。将系统细化拆解后的任务抓取相应的模型流水段,把实际的现场情况通过模型来体现,将现场进度与模型同步,进而实现关键节点偏差数据的自动分析和深度追踪,同时记录施工全过程,实现任意时间点的工况回顾及动态展示(图 22)。

（4）质量安全管理。本项目要求严格遵守"问题发起-责任人整改-复验通过-问题关闭"的循环原则,过程描述及照片对应做到闭环管理,使得管理数据可查询、可追溯,提升现场质量安全管理效率。

图 22　现场进度管理

(5）智能辅助设备。施工 BIM 团队运用环境监测系统、自动喷淋系统、塔吊防碰撞系统和无人机巡视，提升了项目精细化管理水平，为安全文明建设、绿色施工和工人健康安全保驾护航。

4 BIM 技术应用总结与效益

本项目 BIM 技术应用总结如图 23 所示。

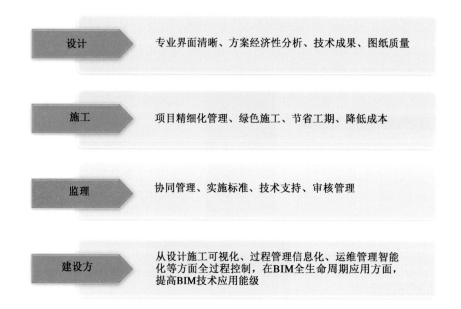

设计	专业界面清晰、方案经济性分析、技术成果、图纸质量
施工	项目精细化管理、绿色施工、节省工期、降低成本
监理	协同管理、实施标准、技术支持、审核管理
建设方	从设计施工可视化、过程管理信息化、运维管理智能化等方面全过程控制，在BIM全生命周期应用方面，提高BIM技术应用能级

图 23 BIM 技术应用总结

张江科学会堂作为张江副中心备受瞩目的公共建筑，对工程品质要求极高。本项目建筑多处造型为异形不规则形态，传统二维软件绘制的施工图往往难以清晰、准确地表达；其幕墙构件形式复杂、数量多，三维软件可进行构件定位以及清点不同种类交接件数量，空间定位准确高效。BIM 团队在设计阶段介入，从项目之初就进行 BIM 模型的创建，通过模型辅助方案决策，极大程度上避免了设计重大调整；进行三维管线综合，分析与机电有关的预留预埋问题，检验机电空间是否满足规范和使用需求，减少施工过程中的返工，有利于成本、进度的控制；同时召开模型协调周例会，每周基于各专业整合模型进行协调沟通，及时解决模型中的问题，加强各专业配合，提升设计质量。

本项目 BIM 设计流程通过三个阶段，循序渐进地对模型进行检查，可以提高项目设计品质，解决大部分错漏碰缺问题，将施工现场可能出现的一部分问题前置解决。BIM 这一数字化技术从方案设计阶段开始介入，为各方沟通协调搭建起数字化平台，通过 BIM 项目管理及 BIM 应用双重作用，将 BIM 逐渐深入到项目管理的各个方面，为整个项目全生命周期提供服务。BIM 与数字化技术的成功应用，代表了国内建筑业的设计与建造方式的新趋势。

（供稿人：缪维维 董泳伯 孙斯琦 邹振宇 欧阳斌）

专家点评

张江科学会堂项目基于BIM技术的应用,实现了复杂建筑的高品质效果;施工阶段,运用BIM的精细化技术管理,有效控制了成本和进度,并通过辅助施工现场机电管线综合支架排布,实现了空间净高的效果,同时通过施工工艺与施工进度可行性分析、同步动态模型与现场进度对比,实现了关键节点偏差数据的自动分析和深度追踪。

通过建设单位在设计阶段和施工阶段对BIM技术应用的统筹管理,在项目设计阶段提前发现设计问题,提高了施工图设计和工程施工质量;在施工阶段,通过提前检验方案的可行性和安全性,制定合理的施工方案,减少了返工;BIM的应用有效提升了参建各方沟通工作的效率。

该项目建设过程中,基于对"智慧工地助力项目管理"的研究开展实施了项目数字化工作,采用智慧工地项目平台,增强了项目生产数据提取和分析能力,通过数据统计和分析辅助项目生产管理,提高了部门和岗位之间信息传递和分享的效率,实现了数据信息互通互联,并逐步优化了生产管理流程。

通过参建各方的共同努力,将BIM应用落地实施,为以后的BIM全生命周期建设和项目精细化管理提供了宝贵经验。

探索未来公园艺术馆
——基于原创设计主导的 BIM 设计管理

图 1　张江未来公园人工智能应用场景展示馆

1 项目概况

上海正加快建设智慧城市的步伐,以开放、交流的心态促进城市建设与市民间的良性互动,丰富和拓展公众的文化视野,提升公众科学艺术修养,为此,浦东新区在张江高新科技园内新建未来公园艺术馆。

基地位于张江高新科技园区内,罗山路以东、川杨河以南、外环线(环东二大道)以西、华夏中路以北。项目总建筑面积约 4.29 hm²,总建筑面积约 5 300 m²,建筑高度为 10.81 m。东侧紧挨的张江人工智能岛是截至目前上海市唯———座AI+园区,其作为张江发展人工智能产业的重要空间载体,已集聚了 IBM、英飞凌、微软、Ada Health 等跨国企业巨头。

公园内 5 个独立的室内场景建筑作为主体展览空间,通过一个半室外的环廊串联起来,围绕出一个向心式的中心广场,作为室外科技展场。原创设计营造一种逼真的沉浸式体验效果,使参观者仿佛置身于科幻电影之中,开启奇妙的未来之旅。

项目于 2019 年 10 月顺利竣工,现已对外开放(图 1)。

2 项目挑战

2.1 极其有限的周期以及超高要求的品质

本项目极具特色,得到领导和社会各界的普遍关注,政府、业主、原创建筑师从不同的维度对项目的品质提出了很高的要求。项目最大的挑战就是极限的项目工期——从施工图设计到竣工仅有 4 个月时间。采用装配式、标准化平行施工,还要保证工程品质与竣工时间。

为了保证原创设计高品质地落地完成,严格把控图纸的正确性和可实施性,面对 4 个月就要完成设计和施工的工期要求,项目团队利用 BIM 技术,整体筹划了科学合理、具有针对性和可执行的应对策略——顺应工程需求基于 BIM 构件要素进行设计管理和进度控制(图 2)。

2.2 技术难度层面挑战

从技术层面看,无论在非线性造型的设计优化方面,还是原创设计师对工程品质和细节的把控方面,BIM 技术都起到了非常重要的作用。

1. 非线性造型方案优化

利用 BIM 模型的可视化和参数化优势,原创建筑师对幕墙外百叶设计方案在美观性、可建造性、通风性等多方面进行了多轮综合比选,利用参数化、可视化

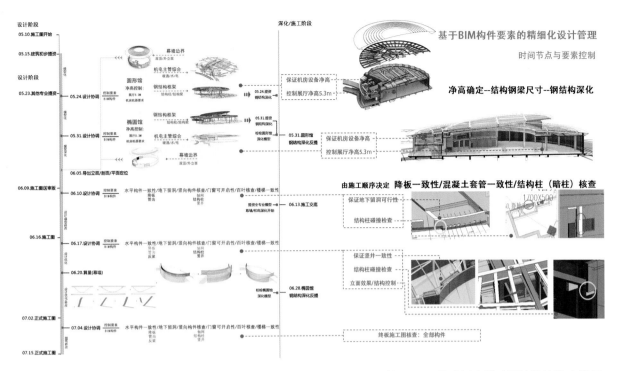

图2 基于BIM构建要素策略下的设计进度管理

编程技术,智能分析造型的曲率与设备通风的效率关系,基于 BIM 数字化信息导向,制订了最优幕墙方案。幕墙外百叶优化方案如图 3 所示。

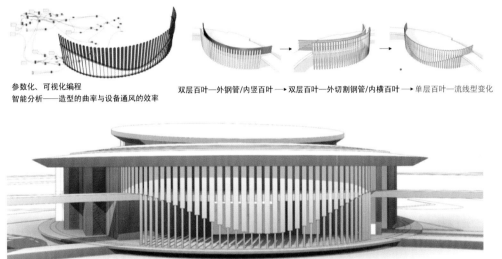

参数化、可视化编程
智能分析——造型的曲率与设备通风的效率

双层百叶—外钢管/内竖百叶 → 双层百叶—外切割钢管/内横百叶 → 单层百叶—流线型变化

图3 幕墙外百叶优化方案

占据场地视觉中心的 V 柱,在整个项目周期中一直是困扰各参与方的工程重难点。首先,其正对公园入口的地理位置特殊性决定了它的重要性。除了主视觉的景观效果,V 柱是支撑通廊结构受力的双曲钢构件,加工的难度、造价和生产后的质量控制难度都很大,尤其是双曲造型导致加工周期会很长。在整个项目紧张的设计施工周期里,BIM 团队一直配合建筑师、结构工程师、钢结构深化设计方、施工方进行 V 柱优化工作,不仅从双曲钢构推敲至单曲钢构,并且辅助设计优化了造型,进一步将非线性设计的信息转换落在二维图纸上,以尽量少的相切弧线将 V 柱的定位通过二维图纸描述,增强了可实现性和可操作性。这是一个平衡各方需求和利益的设计决策过程,确保了原创设计从数字化的模型到最终落地的精准实现(图 4)。

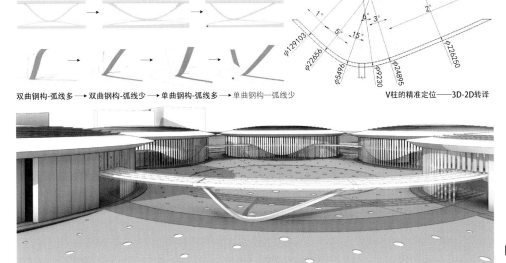

双曲钢构-弧线多 → 双曲钢构-弧线少 → 单曲钢构-弧线多 → 单曲钢构-弧线少　　　　V柱的精准定位——3D-2D转译

图 4　V 柱方案优化

2. 功能实现——严格把控设计品质

为了满足展厅和功能用房严格的净高控制要求,建筑层高控制、结构布置形式、机电管线综合一直反复设计修改。其中,水专业受工期时间因素的影响,采用预作用喷淋系统,加快进度,但是该系统下水管不可二次翻绕,对机电管线综合是一个很大的挑战。

标准圆形馆的三维模型剖切展示如图 5 所示,综合展厅椭圆馆的三维模型剖切展示如图 6 所示,清楚地呈现了为满足使用需求和功能实现,设计过程中难点以及 BIM 控制的重点要素,比如地下的管沟、半室外的机房夹层、大空间的展厅净高控制,等等。

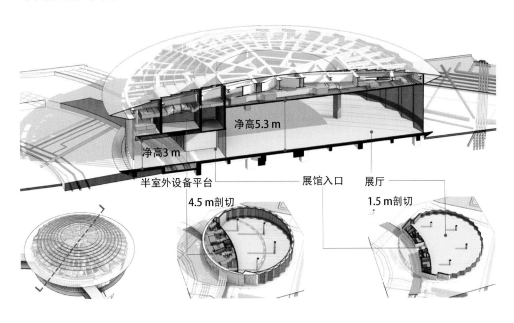

图 5　标准圆形馆的三维模型剖切展示

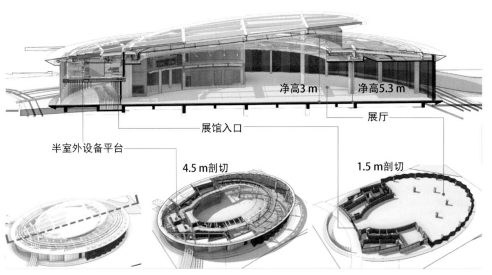

净高3 m　净高5.3 m

展馆入口　展厅

半室外设备平台

4.5 m剖切　　1.5 m剖切

图6　椭圆馆的三维模型剖切展示

2.3　项目管理层面挑战

从项目管理层面看,面对众多参建方,如此高品质以及快节奏的项目要求,设计管理必须突破传统管理模式。在正常节奏下的项目管理,很多串行的工作在本项目中不得不大幅度地前置和并行。本项目利用历年积累的数据进行分析,预判常见错、漏、碰、缺问题和解决办法,总结了一套BIM设计流程与BIM设计的成果——问题追溯报告(图7),把BIM从单一项目的设计管理转化为品控策略研究。事实上,只有采用超出常规的设计管理方式,才有可能在非常短、非常集中的4个月里,落实好这个极具社会意义的建筑作品。

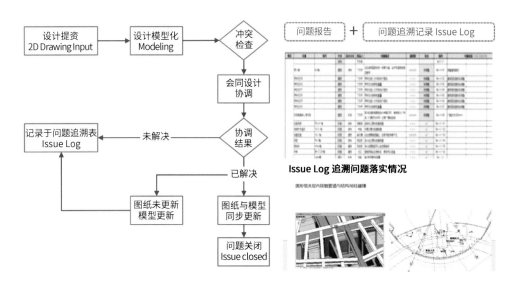

设计提资 2D Drawing Input → 设计模型化 Modeling → 冲突检查 → 会同设计协调 → 协调结果 —未解决→ 记录于问题追溯表 Issue Log

协调结果 —已解决→ 图纸与模型同步更新 → 问题关闭 Issue closed

记录于问题追溯表 Issue Log → 图纸未更新模型更新

问题报告 + 问题追溯记录 Issue Log

Issue Log 追溯问题落实情况

图7　BIM品控策略下的问题追溯办法

3 BIM＋原创设计——技术与艺术的融合

3.1 精细化和集成化的设计管理思维

在上述众多背景的驱动力下,本项目放弃了传统的四要素设计管理模式,提出了精细化和集成化的设计管理思维,为了在较短的时间周期内创造高品质的空间,完成大量非线性造型优化,同时要在控制成本的前提下保证设计的落地还原度,BIM 技术服务与设计管理必须采用复合型的设计管理思维,聚焦 3 个重点:一致性管控、多维度的因素决策和深化前置。

这些要素之间的关系相互交融、错综复杂,无法按照常规管理手段,划清工作界面、聚焦这 3 个要素是实现本工程项目精准落地的核心。

1. 一致性管控

一致性管控实际上是从根本上解决协调多专业、多要素之间的矛盾冲突问题。工程项目通常会被割裂为很多专业和分包,但是专业之间有很多界面或者要素是相互重叠的,比如竖井,主要是为机电管线服务的,但是又同时出现在建筑和结构两个专业的图纸中,这一个构建要素同时涉及 5 个专业。确保这些要素在所有专业里的一致性,将能从源头上解决很多设计冲突问题,为顺利施工扫平障碍。

在本项目中,原创设计的"BIM＋设计管理模式"一直坚持"一个模型＋先模型后图纸"的方式来控制设计图纸的品质,保证建筑立面、剖面与自身平面、结构、幕墙等多专业之间的协调性、一致性和可建造性(图 8、图 9)。

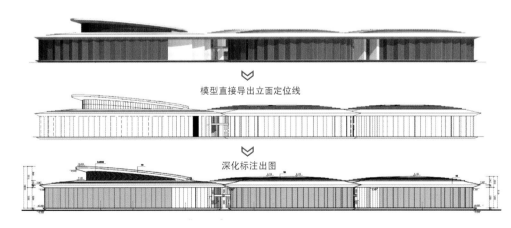

模型直接导出立面定位线

深化标注出图

图 8　一致性管控——立面控制

2. 多维度的因素决策

在项目管理协调过程中,管理者会面对不同专业、不同利益方,他们的需求和角度各不相同。在这些多维度的因素下,BIM 技术的介入有利于多角度平衡及协调管理,减少内部消耗,及时发现并暴露隐藏的问题,辅助设计师、项目管理者和业主,推动项目进程。

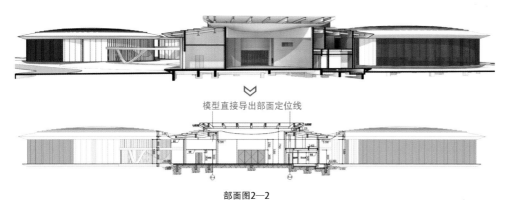

模型直接导出部面定位线

部面图2—2

图 9　一致性管控——剖面控制

净高管理就是一个典型的多维度因素决策问题。一般传统净高管理的做法是靠各个专业之间图纸叠加,比如建筑提供空间的边界,结构提供梁高,水暖电各个专业提供管线路由和尺寸,往往会相互叠加和交叉,最后室内专业提出净高的要求。

基于叠加后的图纸,设计师和管理者可能需要花很多时间和精力去判断净高问题,这种状态下问题是无法全部覆盖解决的,往往会有很多隐藏的问题在施工后期暴露,或者牺牲净高,或者付出很大代价去做设计变更或施工调整。

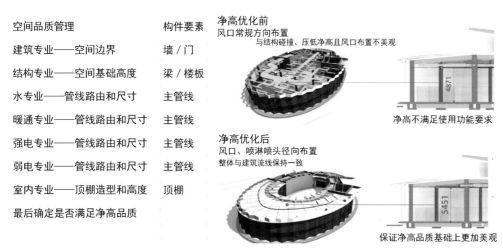

空间品质管理	构件要素
建筑专业——空间边界	墙 / 门
结构专业——空间基础高度	梁 / 楼板
水专业——管线路由和尺寸	主管线
暖通专业——管线路由和尺寸	主管线
强电专业——管线路由和尺寸	主管线
弱电专业——管线路由和尺寸	主管线
室内专业——顶棚造型和高度	顶棚
最后确定是否满足净高品质	

净高优化前
风口常规方向布置
与结构碰撞、压低净高且风口布置不美观
净高不满足使用功能要求

净高优化后
风口、喷淋喷头径向布置
整体与建筑流线保持一致
保证净高品质基础上更加美观

图 10　构件要素集成优化净高

3. 深化前置

本项目团队基于多年的项目设计经验,在项目初期预判筛选出需要并可能前置或者并行的专项设计,比如机电管线深化、钢结构深化以及幕墙深化(图 11)。而在实际的项目应用中,各项深化前置也确实能够缩短设计周期、避免因施工现场返工造成不必要的资源浪费和造价调整。

在这个项目中,机电深化非常前期,可以说前置到方案设计阶段,反向指导和干预了建筑层高和结构布置。施工图后期,室内的机电管线综合深度几乎达到施工模型的要求,所有的翻绕基本敲定,这对后期机电安装有重要的指导意义。

除了机电深化,钢结构深化前置到施工图初期阶段,采用模型与模型对接审核的方式,将钢结构深化与建筑、幕墙和机电多专业协调工作并行,进一步压缩时间进度。

幕墙的方案优化一直是伴随全过程的。正是因为幕墙专业深化的前置,在造价控制方面,模型可以非常及时地配合精细化造价的管控。

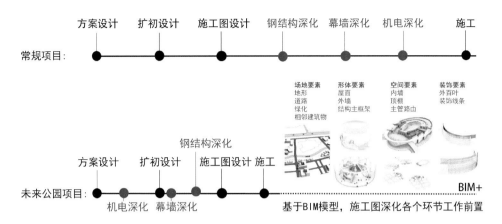

图 11　投入度前置

3.2　原创设计精准落地,实现超高还原度

未来公园展示馆项目的设计尊重地区自然环境特色,在健康、舒适、高效、绿色的未来公园内契合周边张江高科技的产业氛围,打造出一个充满科技感和未来感的艺术馆。原创设计要求很高,对设计细节把控严格,从未来公园展示馆项目的设计模型与实景照片对比不难看出(图 12),通过 BIM 技术应用的设计项目管理使原创建筑师对作品的把控力达到了极致,帮助项目管理者实现对设计成果品质的精准把控。

图 12　BIM 模型 VS 实景照片

基于 BIM 的精细化设计管理,实际上是顺应工程本身的需求规律,将设计管理工作落实到更精细的层面,让设计回归工程本身。如此精细化的管理手段掌握在有高品质要求的原创设计师手中,使超高原创设计还原度的工程落地将不再有任何障碍。

4　探索未来

未来公园艺术馆项目中原创建筑师通过一系列奇妙的设计手法,例如采用参数化生成渐变的荧光石点阵,无装饰,无台阶,消失的参照物,隐藏的接缝,模糊的尺度和变换的光影,营造室内、室外模糊的氛围,打造出科幻的、未来的场景。

而 BIM＋的原创设计,其实也在探索未来的设计模式、设计流程——基于BIM 的原创设计项目的未来可能性探索。从构成数字化基础的最小单位的构件要素,重构的设计生产手段,新的设计品控平台,最终形成可量化的设计管理指标,这无疑是对设计流程和设计模式的重构。

4.1　数字基础——有效构件要素分类

对于 BIM 构件要素的概念,目前已经出台的国家标准——《建筑信息模型分类和编码标准》中,将建筑构件按元素划分为 480 多种,在技术层面上,这是目前较为成熟的最精细化的分类标准。

在国家标准基础上,本项目团队基于多年的设计管理经验,尤其是通过 BIM 开展设计管理项目总结,从项目管理的角度,对 400 多个元素构件进行二次梳理,初步提炼了几十类有效的、具有普适工程维度意义的要素类别,从时间、深度、应用方向等角度赋予它们一些设计管理者所理解的意义,让这些构件要素成为项目管理者的着力点,从而协调团队工作,提升设计品质,顺应工程时序,加快项目进度,严格控制成本,推动业主决策。

4.2　横纵联合——管理组织计划重构

基于上文中提及的一致性把控、深化前置、多维度的因素决策角度,项目团队对构件要素之间的关联性和原创设计项目管理的内在逻辑进行了匹配研究。在不影响设计流程的情况下,纵向聚焦设计阶段 BIM 的各个应用要点,横向联合所有专业的参与方,将核心关注问题与设计节点紧密结合,随着初步设计、施工图 30％,60％,90％,100％的进程推进,每个节点严控专题协调设计问题,BIM 构件要素逐步跟随图纸迭代,严控构件要素专题问题协调,确保现场得到的图纸正确,少返工甚至无返工。

4.3　追溯机制——品控管理平台建立

基于多年的项目积累,本项目的创新是基于累积的问题报告和追溯记录的全团队合作的技术路线,实际上落实了问题追溯机制。对可能出现反复性、衍生性的问题提出了多条记录的管理追溯办法,明确了设计边界和责任主体,问题记录中可以清晰看到该由哪个专业落实、消化问题。通过状态栏,非常明确地辨别是否还有问题没有解决,逐条对问题进行管理分类:未解决的问题、有解决方案还未落实图纸的问题和闭环的问题,等等。管理者通过问题报告和记录追溯机制,直接落实到责任主体,使项目向明确的方向推进。

4.4 设计品质管理质量指标化

管理成果质量的指标化是实现项目管理科学化、数字化的难题,通过要素之间的关联性研究,这些指标具备普适性和可复制性,完全可以覆盖大多数的项目需求。在不同的设计阶段,通过基础的质量核查以及多个维度、各个专题校核,纵向聚焦在时间维度上,以未来公园为例,不同的阶段对应不同的专题核查;横向联合各个专项参与方,可分为幕墙专题、人防专题、总体-建筑-景观专题,等等,一方面严格把控设计成果,全面提高图纸质量,保证设计品质,另一方面引导设计师更加专注于设计本身,避免设计工作返工。

5 总结

本项目充分发挥 BIM 技术在原创作品中的设计优化、项目管理进度把控、项目品质提升、投入度前置、施工过程的空间和进度可视化指导等方面的优势,为整个原创设计团队、深化团队、施工团队、项目管理团队乃至业主创造了巨大的价值。基于 BIM 的设计管理无疑将成为原创建筑师的手中利器,让未来建筑梦想成为现实。

(供稿人:刘 雯 刘文鹏 庄 彦 李宗奇)

专家点评

数字化时代,传统设计与工程建设领域面临重大机遇,在以建筑信息模型为代表的数字化理念与技术支撑下,设计创作、跨域协同、组织管控等方面都在朝着精细化、集成化、有序化的方向融合与重塑,全方位地呼应和回馈数字化浪潮下市场的需求、项目的要求。

未来公园艺术馆项目作为国内一流的原创设计作品,在建筑设计、建造等阶段探索基于 BIM 构件要素的全过程设计与管理方法,力求在以品控为导向的设计及其管理中实现融合创新。

该项目仅有 4 个多月的设计和施工工期,通过 BIM 前期的设计控制和后期的施工辅助,保证了建筑完成度和最终品质,不仅获得政府、业主、设计团队等各方的认可,也是 BIM 正向设计的一次成功应用,具有良好的示范作用。建议进一步总结经验,形成可复制推广的项目经验。

基于港城广场探索数字化建造的世界

图 1　项目效果图

1 项目概况

1.1 工程概况

港城广场建设项目位于临港新区滴水湖核心区的中央活动区,总用地面积为 14.79 万 m²,9 个地块整体开发,总建筑面积达 56 万 m²,集酒店、商业、办公、公寓、影院、图书馆、演出大厅为一体(图 1),功能业态丰富。项目采用功能业态复合、庭院街坊围合、都市园林融合、绿色低碳组合和地下空间整合的五合设计理念,打造体现人文之温暖的"城市会客厅"。本项目通过建立集中能源中心高效供能,各地块地下空间以双向车道方式连通,各地块配套设施和物业管理资源统筹管理,提高了土地使用效率。

本项目由港城集团直属上海展博置业有限公司开发建设,由上海阿科米星建筑设计事务所有限公司、上海致正建筑设计有限公司为主负责建筑方案设计,上海都市建筑设计有限公司负责建筑施工图设计,中国建筑第八工程局有限公司负责施工及 BIM 技术应用。

1.2 项目特点

本项目具有开发周期长、进度管理严、投资额度大、业态丰富等特点,各个工况复杂且容易交叉影响,需要依赖现场项目管理者的个人经验,现场管理者对图纸的理解和施工工艺的熟练程度造成的主观问题难免会使实际施工时存在不合理的地方。

1.3 BIM 应用目标

本项目以建筑、机电、结构信息模型为基础进行整合,应用轻量化平台技术管理设计模型和图纸,实现参建单位互提资模型图纸的动态更新与信息共享,提高沟通的及时性和准确性,支撑搭建业主、施工两大协同管理平台;创新研发"BIM+AR"技术,优化数据存储模式,实现离线查阅图纸功能;探索应用"BIM+5G"技术,通过远程协助系统,实现多方及时协同管理。具体应用项目参见表 1。

表 1   项目各阶段 BIM 应用项

序号	阶段	BIM 应用项
1	方案设计	场地分析
2		设计方案比选
3	初步设计	建筑、结构专业模型构建
4		建筑结构平面、立面、剖面检查
5		面积明细表统计
6		机电专业模型构建

序号	阶段	BIM 应用项
7	施工图设计	碰撞检测及三维管线综合
8		净空优化
9	施工准备	施工深化设计
10		施工场地规划
11		施工方案模拟
12		构件预制加工
13	施工实施	虚拟进度和实际进度比对
14		设备与材料管理
15		质量与安全管理
16		竣工模型构建
17	运维	运维管理方案策划
18	工程量计算	设计概算工程量计算
19		施工图预算与招投标清单工程量计算
20		施工过程造价管理工程量计算
21		竣工结算工程量计算
22	预制装配式混凝土建筑	预制构件深化设计
23		预制构件碰撞检测
24		预制构件生产加工
25		施工模拟
26		施工进度管理
27	协同管理	业主协同管理平台
28		施工协同管理平台

2 该项目 BIM 技术应用情况

2.1 设计阶段 BIM 引领

本项目 9 个地块中,15-1 地块、16-1 地块、17-1 地块、29-1 地块、29-3 地块的地下室机电布置较为复杂,特别是在机房进出口和管道井等地方,传统的方法在解决机电综合管线设计方面具有一定的局限性。由于项目建筑面积大,机电工程师要通过二维检查方式检查管道排布碰撞是一项极耗费人力物力的工作,而且精确度难以保证,因此机电工程师通过 BIM 技术在设计阶段对建筑进行参数化建模(Revit 软件)和模型整合(Navisworks 软件),实现了对整合后模型存在的硬碰撞、软碰撞和重复项快速查找,并可及时修改和二次检查,出具节点文件报告,指导施工单位后期深化设计,设备井周边走道 BIM 效果图如图 2 所示。

在钢构深化设计上,严格遵照施工图的整体形式、构件中各零件的尺寸和位置、主要节点构造和连接方式等有关数据和技术要求,用 Tekla 软件进行 BIM 建模,并根据工厂施工条件、现场运输要求和吊装能力,确定合理的单元,减少由于构件碰撞、工序交叉和衔接配合等问题引起的设计变更和返工。

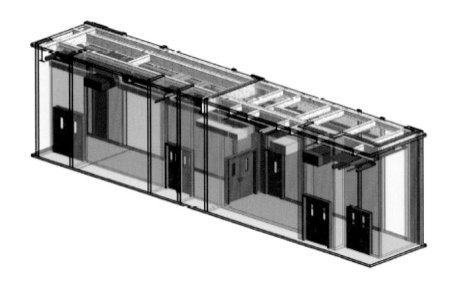

图 2　设备井周边走道 BIM 效果图

2.2　C8BIM 轻量化平台应用

　　C8BIM 轻量化平台是一项基于图形轻量化、模型轻量化引擎的多终端操作技术管理软件。专业分包在 C8BIM 轻量化平台中提取图纸资料后,可进行结构图深化和模型的创建。现场施工人员在通过平台管理图纸版本及进行模型调整实际工作中,往往涉及多方单位,如建设方、设计单位和施工方,C8BIM 轻量化平台实现了各方单位在信息方面的共享,一人一部手机就是一个工作站,现场人员利用手机就可直接查阅模型(图 3)。在线图纸模型查阅免去了传统协作模式中繁琐的步骤,提升了 BIM 使用的体验感,提高了各单位间的沟通效率。利用C8BIM 平台进行互提资料提高了管理的及时性,避免了以往项目上只有少数人使用 BIM 技术的弊端。

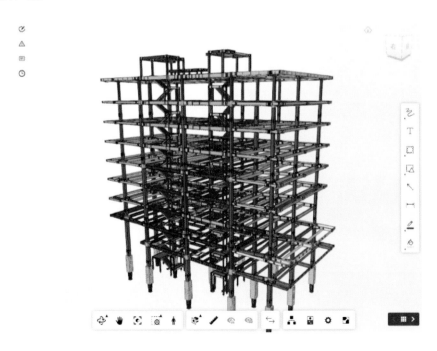

图 3　在线查阅 BIM 模型 (PC 端,手机端)效果图

2.3 BIDA 一体化工程技术体系

BIDA 一体化工程技术体系是以建筑信息模型为基础,集合了 BIM 深化设计、工业化生产、物联网化智能配送和模块化装配施工为一体的机房设备和管线高效精准化装配式施工的工程技术体系。完整的工艺流程包括:先收集设备样板,利用 Revit 进行精细化建族,进而搭建出完整的 BIM 模型,科学合理地进行加工分段,绘制管段加工详图和支吊架加工详图,组合机电安装单元,再在工厂中采用工业化生产的方式,结合现代物料追踪配送技术,最后实现现场模块化精确安装,BIDA 一体化工程技术体系流程如图 4 所示。

收集设备样本　精细化建族　搭建BIM模型　预制加工分段　绘制管段加工详图

组装完毕　　现场组装　　工厂预制加工　绘制支吊架加工详图

图 4　BIDA 一体化工程技术体系流程

2.4 智慧图纸的应用

智慧图纸是一款创新研发的专用于智能 AR 建筑图纸的 App(图 5),它基于 BIM 技术和 AR 技术研发,颠覆了传统建筑图纸的使用方式,实现了建筑前沿技术的落地。智慧图纸扫出来的模型还可以爆炸式呈现装配模块模型,不仅仅是一个单一的建筑模型,还包含了每个零件的供应商、物资型号、进场时间、安装时间和安装位置,以及各项工程属性的信息。同时还存储有各项施工规范和节点工序做法,并实现了信息检索功能。即使现场没有网络,也可通过优化数据存储模式将所有数据信息封装于 App 中,进行离线图纸查阅。

2.5 BIM 技术十5G 创新做法

随着商用化的快速推进,5G 作为高科技的引领性技术已和多个行业产生了碰撞的火花,其和工地的结合目前仍在探索中。港城广场建设项目在实际工程上,将 5G 技术与 BIM 技术巧妙结合,在人员定位轨迹分析、AR 现场巡检和地下

图 5　智慧图纸应用

空间管理上,都做了大胆的探索和突破。人员定位轨迹分析是在模型的基础上,结合 GIS 或三维立体地图,实现人员轨迹的智能分析(图 6)。AR 现场巡检则通过部署的 5G 移动巡检设备,提供 5G 远程协作功能,如应用 5G 远程协作系统,利用 5G 高速低延迟的特点,传输 BIM 模型至 AR 眼镜,在现场应用设备将实际工程和 BIM 样板进行质量比对;工作人员通过佩戴移动巡检设备,实现现场与后台的远程交互;当施工过程中遇到技术难题时,通过远程协作系统,能够及时连线远程专家协同解决。地下空间管理则是基于港城广场地下空间整合的特点,9 个地块的地下室区域导航借助 BIM＋5G 手段,利用平台对停车场数据、导航系统进行实时更新(图 7),从而使 5G 传输赋能应用设备,将建筑信息平台内的数据与现代化技术结合,打造智慧停车场。

图 6　人员定位分析

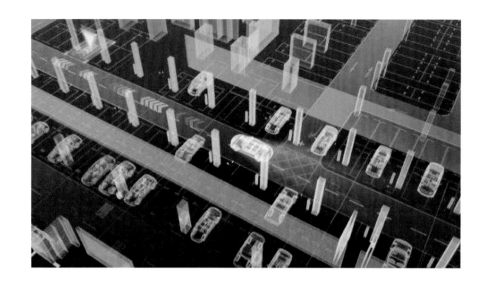

图7 5G地下车行
流线动画漫游模拟

3 结语

现代建筑的施工难度越来越高,加上商业综合体项目往往规模较大、周期长、成本管控严,传统的施工方法标准化程度低,过于依赖现场施工人员的经验和技术水平。本项目对于BIM技术的应用探索在施工中已充分展现其优越性,虽然目前BIM技术与施工工地的应用还没有成熟性的标准,但仍然需要我们不断地探索和实践,在可以预见的未来,BIM技术一定会在建筑行业领域产生巨大的影响。

(供稿人:徐飞飞 钟明京 关卓然 赵 桐 万慎行 李 青)

专家点评

港城广场建设项目是非常典型的城市综合体项目,其对专业协调、施工实施、现场管控等要求很高,在BIM技术应用方面的特点较为突出。该项目在传统的BIM技术解决错漏碰缺的基础上,结合项目实际需求,创新性地应用了如下内容:

(1)利用C8BIM平台搭载多项施工现场管理技术,实现对设计效果、施工质量与进度、安全施工与监控等全方位的管控,在工期、质量、绿色施工及经济效益上均取得了不错的成果。

(2)采用BIDA一体化技术,以BIM技术为基础进行科学合理拆分,组合机电安装单元。采用工业化的生产方式,结合现代物料追踪技术,实现了机房设备及管线高效精准模块化施工。

(3)在BIM+5G方面进行了有益的探索,如:结合5G高传输速率平台的大数据采集,针对现场人流密集、上下班高峰等制定科学管理措施,保障现场安全;通过部署5G移动巡检设备,实现BIM数据和现场检查AR交互,远程获取BIM模型精确信息,形成与专家协同管理现场的方法。

该项目目前还在建设过程中,建议在项目实施过程中进一步梳理应用内容,形成可复制和推广的更有价值的应用点,并建议在后续运维阶段进一步探索BIM技术应用的经验。

浦东城市规划和公共艺术中心 BIM 应用探索

图 1　项目"水晶盒子"外观效果图

1 项目概况

1.1 工程概况

浦东城市规划和公共艺术中心(以下简称"公共艺术中心")位于浦东文化公园内,北至青少年宫,南至高科西路,东至锦瑞路,西至严茂塘。项目占地面积约15 000 m²,总建筑面积约 49 995 m²,其中地上面积为 30 711 m²,地下面积为19 284 m²,控制高度为 30 m(局部 50 m),容积率为 2.0,建筑层数为地上 4 层、地下 2 层,建筑类型为一类高层公共建筑,结构形式为支撑钢框架(图 1)。

具有公共艺术及规划展览、展示,规划评审、发布及研讨,教育及知识普及三大功能的公共艺术中心,是集城市规划、城市设计、城市公共艺术展览及规划土地公告、公示、评审、研讨、论坛、宣传等多种功能于一体的专业建筑,是推动规划公众参与、知识传播、设计研究,促进城乡规划与市民更好互动的公共建筑。

本项目由上海浦东新区规划和自然资源局建设;上海浦东工程建设管理有限公司负责项目管理,上海建筑设计研究院有限公司承担建筑、结构、机电专业的方案深化、扩初设计与施工图设计,上海建工一建集团有限公司负责承建,上海振旗网络科技有限公司担任施工及运维阶段 BIM 技术顾问。

1.2 各阶段项目的难点

在设计阶段,由于项目功能定位的特性,使建筑功能以展厅等大空间为主,配套的暖通系统庞大繁杂,工程管线排布密集,结构配合梁上开洞定位困难;其中环形走廊区域管线交叉繁多,净高控制难度较大。

在施工阶段,由于建筑周边环境复杂,有高压电线、公共绿地、轨道交通 7 号线区间隧道,深基坑开挖难度大;工程上部结构是整体预制钢框架,结构桁架跨度大,施工安全要求高;项目业态多,现场交叉作业的工况复杂,工序之间衔接要求高,施工任务重;并且本项目属上海市重点公共建筑,对精益建造、安全发展、绿色环保、智能建造等有着高标准的建设要求,因此项目管理难度大。

在运维阶段,本工程建筑功能的多样、建筑结构的复杂、设施设备数量繁多,致使建成后的运维工作量大;项目具备面向公众的职能,是区级重大会议服务场所及教育中心,运维要求高;工程功能特性决定了建筑维护信息量大,为确保有效信息完整传递,需先进的运维管理理念及技术支撑。

基于以上难点,项目运用 BIM 技术进行模型设计查漏补缺、方案模拟,辅助方案决策,提升设计效率和品质;及时发现并解决现场问题,提高项目管理水平,确保工程顺利实施;充分发挥 BIM 技术的价值,提高项目运维水平和服务品质,降低运维成本。

2 BIM 组织架构

本项目 BIM 技术采用由建设单位和项目管理单位(上海浦东新区规划和自然资源局及上海浦东工程建设管理有限公司)主导,各参与方协同应用的方式,以发挥 BIM 技术的最大效益和价值。

项目 BIM 总体咨询团队由上海振旗网络科技有限公司与上海建筑设计研究院有限公司共同组成,负责项目的总协调,做好 BIM 应用的总体策划,并制定项目标准和管控措施。设计单位、总包单位、专业分包单位、监理单位及智能化弱电供应商等根据项目应用要求组建自身的 BIM 团队,总咨询方负责 BIM 团队的协调和管理。BIM 团队组织架构及职责如图 2 所示。

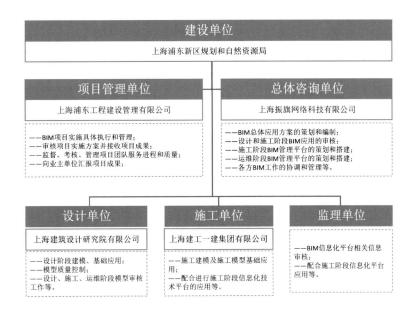

图 2 项目团队组成及职责

3 BIM 应用软件

本项目所应用的 BIM 软件如表 1 所示。

表 1   BIM 应用软件

软件	厂商	版本	格式	功能
Revit	AUTODESK	2016	RVT, NWC, IFC	用于建筑、结构、机电、精装等专业的 BIM 模型创建
Naviswork	AUTODESK	2018	NWD	用于整合 BIM 模型,将项目作为一个整体来查看,设计决策、建筑实施、性能预测和规划等环节的优化
Fuzor	KALLOC STUDIOS	2018	EXE, CHE	主要应用于场景漫游

软件	厂商	版本	格式	功能
Inforworks	AUTODESK	2018	BMP、TIFF、GIF、SHP	工程模拟
ContextCapture	BENTLEY	V4Update9	OSGB	倾斜摄影建模
慧建筑	上海振旗	—	施工阶段管理平台，运维阶段管理平台

4　BIM 应用

4.1　BIM 应用价值与目标

设计阶段，运用 BIM 三维可视化的设计理念和 BIM 设计可模拟性、协调性的特性，进行项目设计查漏补缺、方案模拟，辅助方案决策，提升设计效率和品质。

施工阶段，BIM 模型及理念落地应用，及时发现并解决现场问题，提高项目管理水平，确保工程顺利实施。如：通过 BIM 将形象进度与阶段性无人机航拍进行对比，直观展示项目进展及进度差异；BIM 构件与施工全过程资料关联，助力工程验收归档及质量追溯。

运维阶段，充分发挥 BIM 模型及理念的应用价值，提高项目运维水平和服务品质，降低运维成本。如：通过 BIM 与智能楼宇、智能 AI 识别、物联网监测等系统集成对接，实现楼宇运行指标的健康监测，助力物业高品质智能服务，实现高效率的运营管理。

4.2　BIM 应用点汇总

本项目的 BIM 应用点汇总如表 2 所示。

表 2　　　　　　　　　　　　　**BIM 应用点汇总**

序号	阶段	应用点	
1	策划阶段	BIM 应用总体策划	
2		设计 BIM 实施方案	管线综合优化
3		设计方案比选	净空优化
4		设计建模	工程算量
5	设计阶段	无人机周边场地建模	设计协调
6		建筑结构检查	设计出图
7		面积明细统计	设计交底
8		碰撞检测	虚拟漫游

序号	阶段	应用点	
9	施工阶段	施工BIM实施方案	模型整合及轻量化
10		施工深化设计	施工方案模拟
11		机电管线与预制专项优化	无人机建模与航拍
12		施工出图	施工协同管理平台
13		施工图纸会审	竣工建模
14		施工场地布置规划	施工场地建模
15	运维阶段	运维建模	运维管理平台
16		运维方案策划	—

4.3 全生命周期 BIM 技术应用特点与亮点

全生命周期全过程 BIM 应用包括：策划、设计、施工、运维全阶段的专项应用及平台应用。

BIM 设计、施工相辅相成，自然输出竣工模型：设计变更及施工变更由 BIM 技术进行验证输出，例如，深化钢结构预留孔洞，深入到施工阶段的每一个步骤，用 BIM 技术验证施工方案，同时设计同步变更，并不断地进行 BIM 模型的迭代，最终自然形成完整的竣工模型，节省竣工模型建模工作。

运维筹划与设计、施工同步进行：策划阶段同步进行运维平台的筹划，并根据设计和施工变更而精改，最终形成完全符合运维业务管理流程及管理职能的管理平台。

4.3.1 设计阶段 BIM 技术应用亮点

1. 双层中空幕墙设计

建筑造型设计以简洁、通透、优雅为出发点，利用 BIM 软件的参数化设计手段，对幕墙进行板块的划分，实时地调整板块的大小，计算出每一个板块的面积和造价，从而选择既美观又经济的方案。

该幕墙系统是一个双层立面系统，外部另设有遮阳百叶（图3）。通过专业间的三维深化协同，解决了幕墙专业与其他专业间的冲突问题，以及立面出风口位置的定位问题。

2. 碰撞检测与空间优化

本项目利用 BIM 的碰撞检查功能，提前识别出设计存在的冲突，解决不同专业在设计图纸中的问题，在图纸最终送审前解决了存在的问题，提高设计质量，同时也避免了由于设计失误给施工带来的损失。例如本项目土建之间的构件冲突问题：楼层间的斜支撑与消火栓的布置发生冲突（图4）；城市规划展区的结构框架标高影响展厅的使用等（图5）。

BIM 应用的另一个创新点在于，碰撞结果根据查阅主体不同（业主、设计单位等）可采用多种展示形式。如：图纸平面标注反馈到设计单位（图6），报告逐条列项给业主(图7)。

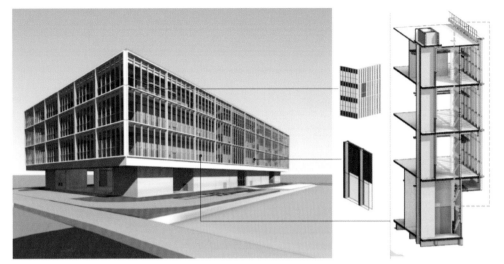

图 3　玻璃幕墙设计

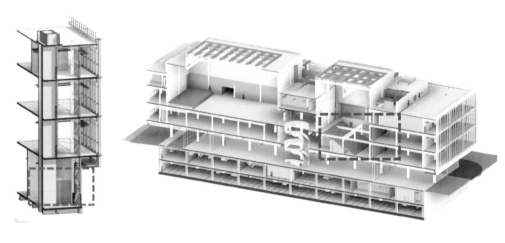

图 4　斜支撑与消火栓冲突

图 5　结构框架标高冲突

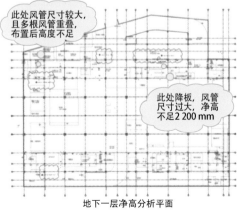

此处风管尺寸较大,且多根风管重叠,布置后高度不足

此处降板,风管尺寸过大,净高不足2 200 mm

地下一层净高分析平面

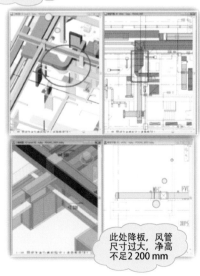

此处风管尺寸较大,且多根风管重叠,布置后高度不足

此处降板,风管尺寸过大,净高不足2 200 mm

图 6　图纸平面标注

图 7　碰撞报告逐条列项

3. 预留孔洞正向设计

除了常规的碰撞检测与净高分析外,BIM团队还对钢梁预留孔洞进行了正向设计,抛弃翻模的思维模式,以模型为主导进行洞口预留设计,优化管线路径,由模型导出 CAD,然后再落实到机电和结构的图纸上,确保现场无返工(图8)。

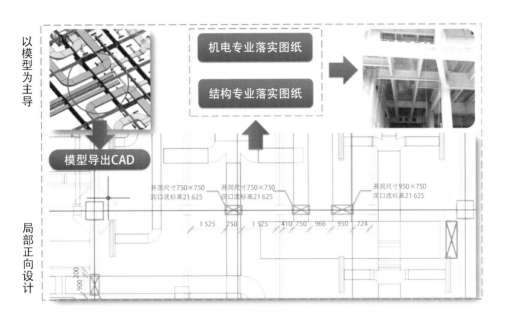

图 8　局部正向设计出图

4. 协助设计协调会议

基于 BIM 净高分析成果召开的设计专业协调会议,借助 BIM 模型的可视化功能,通过双屏显示的方式,针对冲突问题进行模型实时剖切,设计师同步修改 2D 图纸,实现了 2D 到 3D,3D 到 2D 的设计信息转换(图9)。

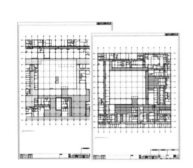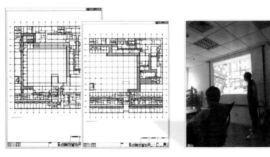

图 9　BIM 应用中 2D,3D 设计协调

5. 建立设计问题追溯机制

团队采用 IssueLog 问题追溯机制,充分发挥 BIM Checker 的功能,将 BIM 技术用到实处。在整个设计阶段,BIM 团队建立了问题跟踪机制,实现数据的追踪与分析(图10)。项目成员在遇到问题时,比如在设计协调会上讨论的一些解决方案和结论,首先建立问题书面记录及随后的跟踪记录,经过各种方式解决问题后,形成解决结果记录,以便实施完毕后有据可查。问题跟踪由具体的项目成员协调资源,及时使问题得以解决,从而保证项目进展顺利。

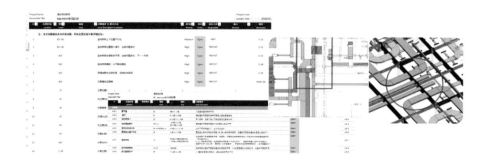

图 10　设计问题
记录与信息追溯

6. 模型预览与空间模拟展示

　　BIM 技术在室内设计中的应用为提高装修效果提供了良好的技术支持,本项目运用 Enscape,Fuzor 等软件工具模拟室内空间场所体验,通过对室内构造与布局设计的立体展示,实现在照明设计、视觉设计等方面的品质提升(图 11)。

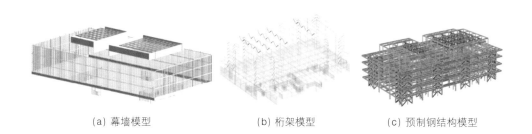

（a）幕墙模型　　　　　　　（b）桁架模型　　　　　　　（c）预制钢结构模型

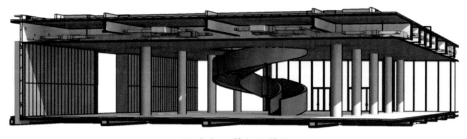

（d）室内(一楼大厅)模型

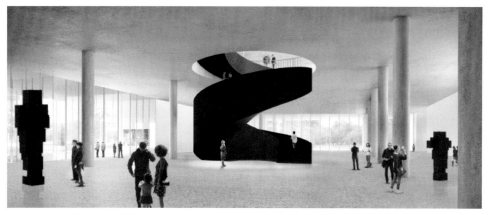

（e）室内(一楼大厅)模型空间漫游

图 11　模型预览与
空间模拟展示

4.3.2 施工阶段 BIM 应用亮点

1. 施工深化,设计与方案模拟

本项目对土建、幕墙、机电、钢结构等模型进行了施工工艺拆分(含机房等重要区域的装修),通过 BIM 三维分解和施工模拟,指导现场施工(图 12)。

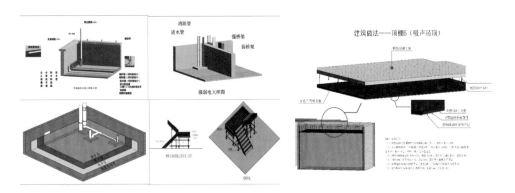

(a) 土建的施工拆解模拟

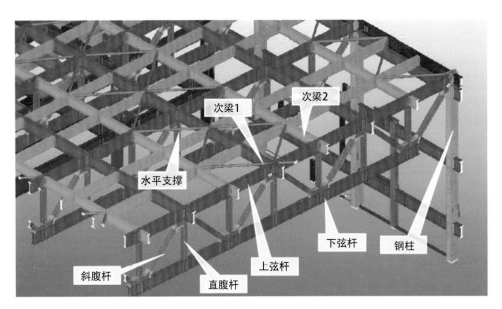

(b) 钢结构的三维拆分模拟

图 12 施工深化,
设计与方案模拟

2. 机电管线预制深化

BIM 多专业协调碰撞校核,发现多处建筑与机电不协调问题、结构与机电管线碰撞问题。项目在施工图完成前期解决了此类错误,提高了设计图纸及图面表达质量;对净空较低与管线复杂处多次复查,充分发现施工中可能出现的问题,提高管线综合深度。

由于本工程钢结构是预制钢梁,预制钢结构和机电管线的碰撞检测尤为重要(图 13),通过碰撞分析,确定了钢梁开孔位置,为现场机电管线的安装提供了便利,使机电设备顺利进场。

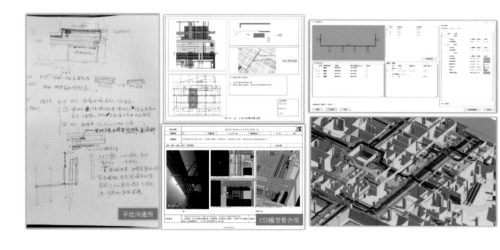

图 13　碰撞检测

同时通过 BIM 进行装配式机房深化设计,施工现场可以直接参考"BIM＋装配模块"进行施工(图 14),大大缩短了工期,节约了成本。

装配式 BIM 机房模拟(一)

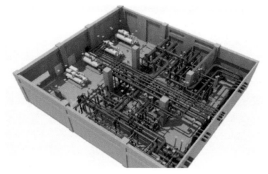

装配式 BIM 机房模拟(二)

BIM＋模块化装配式机房

BIM＋模块化装配式机房完成

图 14　BIM＋模块化预制机房应用

3. 二次结构砌体深化

根据本项目特征,BIM 团队对砌体墙进行预留洞口及排砖优化(图 15),并统计用量,导出清单以便统一采购、加工;运输及堆放区域的合理规划,减少了砌块浪费,节约了施工时间。

4. 辅助和深化施工图会审

在图纸会审阶段,利用二维图和三维图相结合的方式(图 16),检查了图纸中相互矛盾、缺少数据信息、数据错误等方面的问题,在施工前预先发现存在的问题并予以解决。

内墙三维图		内墙立面图
(a) 三维排砖样板		(b) 预留孔洞图纸统计

图 15 排砖优化和预留孔洞优化

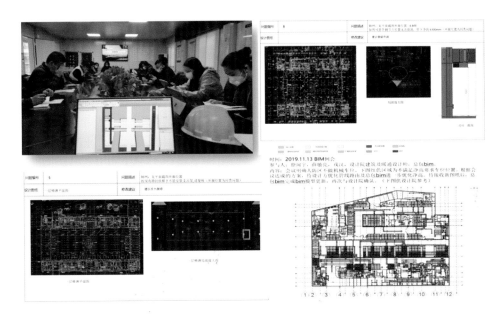

图 16 二维、三维图纸会审

5. 提升施工技术交底质量

本项目利用 BIM 技术进行全过程的施工指导、方案模拟等内容,通过三维施工图纸对施工技术交底(图 17),实现了施工技术交底从"文字 + 二维图"向三维图的转变,提升了技术交底质量,提高了技术交底效率。

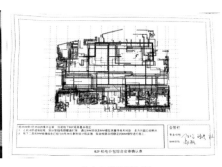

(a) 技术交底现场	(b) 工程确认表

图 17 施工技术交底

6. 施工管理平台应用

施工管理平台是进一步提升项目质量、提高项目管理水平的最直接、有效的方式(图 18),其主要的应用价值在于:

(1) 基于构件的施工过程管理,实现工程进度、质量、安全管理可控,确保项目数据的完整性,实现项目精细化、集约化、透明化管理;

(2) 基于 WEB 端云服务的多方协同作业,提高了项目沟通效率和管理水平。

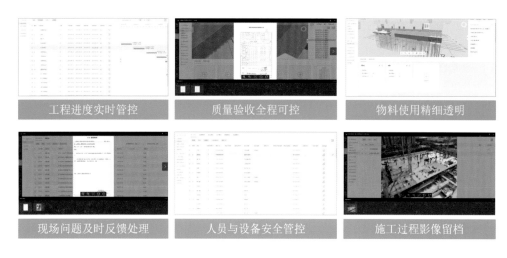

工程进度实时管控　质量验收全程可控　物料使用精细透明

现场问题及时反馈处理　人员与设备安全管控　施工过程影像留档

图 18　施工管理平台主要应用点

在工程进度的管控上,BIM 团队将计划进度和实际进度做了对比(图19),直观展示工程进展,反映进度变化,有利于进度的协调管理。

延时摄影,记录施工每一天

倾斜摄影技术,直观反映施工进度

图 19　延时摄影和倾斜摄影与 BIM 模型间的进度对比

4.3.3　运维阶段 BIM 应用亮点

1. 运维管理平台

项目在运维阶段建设高水平的智能化管理平台(图20),依托高集成、高智能、高信息化的综合运维管理平台,提高建筑综合管理水平,提升运维管理效率和服务品质,降低运维成本。

在运维平台的建设上,BIM 团队将 BIM 模型与智能楼宇自控系统进行集成,实现了建筑运行监测、设施设备管理、资产管理、空间资源管理、建筑能耗管理、建筑运营与物业服务等职能。

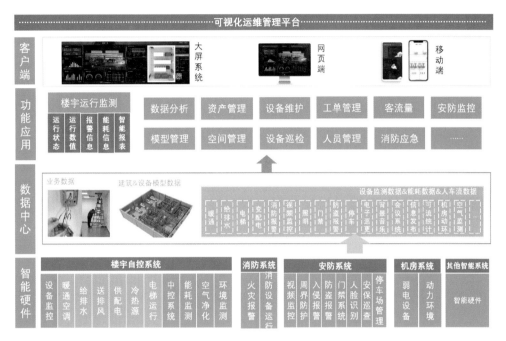

图 20 平台架构图

公共艺术中心智能化运维管理平台,集成了物联网监测设备和楼宇自控、消防、安防等系统,可实现客流量的实时统计与分析,设施设备运行指标的实时监测和故障报警,建筑及设备能耗的实时监测和高能耗预警,安防实时监控、可疑人员实时布控、110 联动报警、消防应急联动报警、物业维保和资产管理等功能。

运维管理平台最终要达到人、设备、建筑之间互联互通(图 21),提升浦东规划馆"以人为中心,为人服务"的智慧化能力。

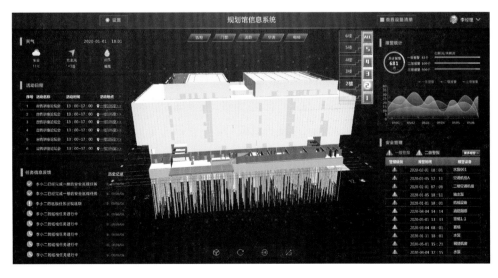

图 21 运维管理平台界面

5　BIM 应用收益

设计阶段,通过"二维"与"三维"设计的融合创新、设计方案比选等应用,预判风险,减少工程返工,降低造价;通过人性化的净高分析和 Issue Log 问题追溯管理,提高了交底质量;通过精准定位留洞位置,提高了出图速度;运用"BIM＋"会议模式,减少了隐形协调成本。

施工阶段,通过深化设计、碰撞检测、图纸会审、机电深化、进度管控、项目管理,共节省成本 300 多万元。利用施工管理平台,实现了施工过程全方位协同管理,提高了项目协作效率,提升了项目管理水平。

运维阶段,运用高技术的智能化管理体系和高集成、高智能、高信息化的综合运维管理平台,提高了建筑综合管理水平,提升了运维管理效率和服务品质,降低了运维成本。

(供稿人:杨国新　唐欢奇　侯海容　梅文文　刘逸相)

专家点评

上海市浦东城市规划和公共艺术中心是浦东新区建设的大型公共项目,在施工环境复杂、项目建设要求高的前提下,结合 BIM 技术的应用,取得了一定的效果,效益也堪称极佳。

(1)项目达成了 BIM 的全生命周期应用,完成了策划、设计、施工、运维全阶段的专项应用及平台搭建,克服了模型设计和施工实施上的几大难点。施工过程中结合设计图纸对 BIM 模型不断迭代验证输出,后期基于改动二次复合,形成竣工模型。设计阶段和施工过程中不断优化改进运维平台功能,沉淀了许多优良的品质,最终形成一个完善的全过程 BIM 应用体系,可以为国内同类项目的 BIM 实施提供比较成熟的参考思路。

(2)目前国内工程项目在 BIM 应用上,虽然在可视化、参数化和智能化等特性上取得了不错的进展,但在施工阶段的模型与图纸的关联性上往往有所欠缺。该项目施工阶段以模型为主导,导出 CAD 并落实图纸,完成了局部正向设计,打造了一种创新高效的协作模式,提高了效率,也将技术落于实处。

(3)在可视化方面,项目大胆尝试,通过延时摄影、倾斜摄影、BIM 模型三方面相结合,在进度对比功能上有了突破性进展,达到了更加真实、清晰、有效的效果,这一方面有着极佳的示范作用。

(4)为落实艺术中心的管理,建设高度智能化的场馆管理体系,项目依托高集成、高信息化的综合管理智能运维平台,大大提高了建筑的运维效率和服务品质,不仅降低了运维成本,也提升了对突发状况的应对效率。

该项目充分理解了 BIM 的技术和理念,也在很多层面上充分地发挥了 BIM 技术的应用价值,并且实现了项目全生命周期 BIM 的应用,整体上是值得行业学习和借鉴的,但由于一些方面的探索还不够成熟,其仍有进步空间。

BIM 正向设计在融耀大厦
新建项目中的创新应用

图 1　项目效果图

1 项目概况

1.1 工程概况

融耀大厦原名前滩 16-02 地块,位于上海浦东新区三林镇 107 街坊 1/17 丘,东至济阳路,南至杨思西路,西至东育路,北至企荣路。用地面积为 18 533.0 m²,容积率达到 5.20,塔楼建筑高约 130 m,总建筑面积为142 243.62 m²,为商业4层、办公 26 层的大型综合体,周边有多条地铁线通过,项目建设难度高。

塔楼外观挺拔,裙房设置多个露台及屋顶花园,满足办公和商业空间界面的模糊化和联动化需求,形成有趣多层次的立体公共活动场所。塔楼平面形式规整实用,采用 1.5 m 模数化处理,且着重表达具有竖向感的外型效果,提高了项目的经济效益。

本项目由上海企荣投资有限公司开发,华东建筑设计研究总院负责设计,上海建工一建集团有限公司负责施工,上海秉科建筑工程咨询有限公司担任全过程 BIM 技术顾问,项目效果图见图 1。

1.2 项目亮点

本项目立足于 BIM 技术在项目开发过程中的全程应用:

(1) 规划阶段:明确项目全程 BIM 应用点,确定交付标准和管理导则,切分各方工作界面,编制工作流程,制订总体进度计划和交付成果要求。

(2) 设计阶段:研究 BIM 正向设计出图的可行性,建筑专业 BIM 正向设计出图,结构、机电 BIM 辅助出图。设计过程中,BIM 模型及时有效协助专业协调,通过管线综合实现净高有效控制,图纸、模型同步施工交底。

(3) 施工阶段:具体 BIM 应用包括但不限于:施工场地布置模拟、模型深化完善(包括机电深化、模型同步更新)、专业协调(碰撞检查、管线综合)、4D 施工进度模拟、工艺工序模拟、可视化施工交底、竣工模型交付等,确保 BIM 应用成果有效落地,从而在进度、成本、质量和安全等方面加强项目管理管控能力,进行精细化管理,最终为将 BIM 应用延伸到运维管理阶段做好模型和数据的准备(图 2)。

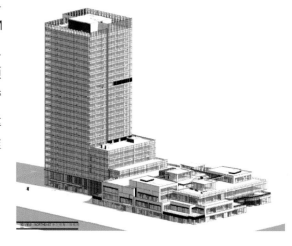

图 2　BIM 模型图

2 BIM 管理

本项目 BIM 管理模式为项目全生命周期 BIM 应用管理,具体管理内容包括:

(1) 聘请项目 BIM 顾问,负责项目全生命周期 BIM 应用管理。

(2) 搭建项目协同管理平台。

(3) 编制项目 BIM 应用实施导则,明确各阶段、各参与方工作界面、工作内容和交付成果要求。

(4) 制订项目全程 BIM 应用实施计划及进度安排。

(5) 编制各专业、专项招标 BIM 应用技术要求。

(6) 组织 BIM 例会,跟踪进度,协调问题,确保项目 BIM 应用落地。

(7) 组织培训及技术交流。

2.1 BIM 协调管理平台

搭建 BIM 协同管理平台,实现图片、文档及模型的集中储存,并管理提资,确保所有专业获取到的资料一致;可通过平台对任务进行线上发布,抄送相应成员,并及时查看执行反馈情况;对项目成员,根据分工不同,进行角色管理,分为业主方、项目管理方、BIM 顾问、设计方及施工方,可通过平台了解各成员职务以及联系方式,从而可以根据需求迅速找到相应负责人;并且还可在线浏览 BIM 模型,方便三维可视化交底。图 3 为本项目应用 BIM 协调管理平台界面截图。

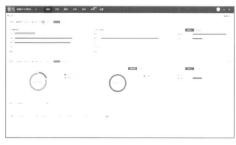 

图 3 BIM 协调管理平台界面截图

(a) 平台协同管理   (b) 在线浏览 BIM 模型

平台手机端拥有电脑端同样的功能,可以对文档进行查看并通过 QQ、微信或者邮件进行分享;创建任务发布并通知相关联系人;同时可以查看平台操作动态,例如任务发布、模型重命名或者模型下载;也可以通过成员列表直接联系到相关人员。

2.2 BIM 应用实施导则

根据《陆家嘴股份 BIM 技术应用管理标准》及《陆家嘴集团前滩 BIM 竣工交付标准》,编制本项目 BIM 实施导则(图 4)、各阶段的 BIM 进度计划及相应的成果清单;同时,审核各阶段、各相关方交付的 BIM 成果,确保成果满足标准要求并具有可落地性;此外,还提供技术支持及 BIM 应用建议,保障 BIM 成果在项目实施过程中有效应用。

(a) 陆家嘴集团 BIM 管理及交付标准　　(b) BIM 实施导则

图 4　BIM 应用实施导则

2.3　BIM 应用实施计划

制订项目全程 BIM 应用进度计划,明确各阶段任务。对 BIM 应用管理架构进行梳理,明确相关方职责及工作界面,并提出相应交付要求,例如:设计方需确保一版图纸对应一版模型。

2.4　BIM 应用技术要求

协助业主完成设计、施工阶段各专业、专项的 BIM 招标技术要求。定期组织 BIM 协调会,借助 BIM 发现问题,进行讨论并加以解决。

2.5　培训及技术交流

定期组织技术培训,如软件技能培训、协同平台操作培训、专业技能培训及答疑,确保各专业之间互相交流、互相学习,提高 BIM 成果的准确性及落地性。

3　BIM 设计

3.1　建筑 BIM

3.1.1　BIM 正向设计应用亮点

1. 空间思维

项目摒弃原有二维＋剖面的思维方式,所有设计人员均在模型中提出问题、解决问题,提资、返提资甚至出图。手绘、CAD 等设计方式在本项目设计过程中仅作为辅助手段。

2. 图模统一

BIM 建模"所见即所得",所有平面剖面均为建筑结构模型的输出,减少了大量错漏缺失,提高了沟通效率,同时也提高了项目的设计质量。

3. 标准化、参数化

BIM 软件中工作集的工作模式以及统一的族文件,为多人在"一张图"上协作作业提供了极大的便利。同时,BIM 族文件的参数属性,也大大提高了各类统计表格的制作效率。

3.1.2　BIM 实现塔楼亮点:景观最优化

在建筑设计过程中,避免布置塔楼四角结构柱,并利用高区核心筒收缩,有效提升景观品质;利用 BIM 正向设计的优势,整合并优化结构与机电设计实现了景观最优化的设计构想。

3.1.3　BIM 实现裙房亮点:宜人的第五立面

本项目设计展现了丰富的空间立体层次,屋顶活动区视野开阔,利用 BIM 正向设计很好地处理了设备夹层和围挡规整设备,释放了屋顶空间。

3.1.4　BIM 实现总体亮点:控制层高和细部设计优化

(1) 通过建筑、结构和机电模型的匹配设置,在设计过程中遵守建筑净高要求的前提下,优化机电管线的排布,实现控制办公净高 3.1 m(层高 4.5 m)。

(2) 通过建筑、结构和幕墙模型的匹配设置,核验立面幕墙和建筑空间以及结构构件是否吻合,并在幕墙模型中实现立面细部设计优化。

图 5 为项目机电管线排布图以及幕墙立面细部效果图。

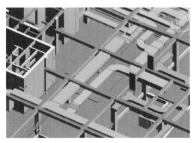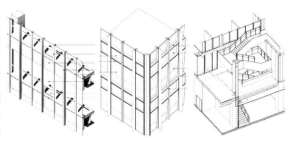

图 5　正向设计应用亮点

(a) 机电排布图　　　　　　　(b) 幕墙立面细部效果图

3.1.5　BIM 拍图细节

在利用 BIM 模型绘图过程中,能够直观表现复杂部位,便于各专业配合调整并校审。

3.1.6　建筑 BIM 出图细节

建筑专业模型出图占图纸总量90%。

除说明、总图、节点详图外的其他图纸,均应用 BIM 直接出施工图的图纸,包括提资图(直接使用 BIM 进行提资)、防火分区平面图、平面图、立面图、剖面图、管线综合剖面图、门窗统计表、楼梯/坡道/电梯/卫生间等各类放大样详图。

3.2 结构 BIM 概述

结构模型采用同一样板,确保项目模型定位统一;结合项目规模进行分开建模,方便了结构计算,提高了运行效率;在合模时采用模型链接,避免占用大量内存;利用三维模型结构模板出图,做到快速及时输出并保障出图准确。

图 6 为本项目 BIM 结构模型。

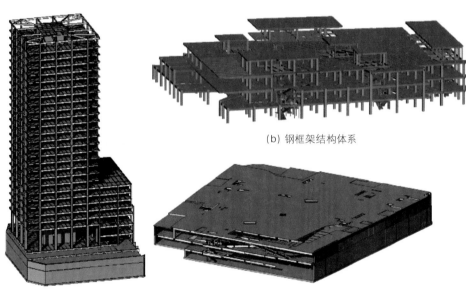

(b) 钢框架结构体系

(a) 钢框架核心筒结构体系　　　(c) 混凝土框架结构体系

图 6　项目 BIM 结构模型

结构 BIM 应用范围见图 7。

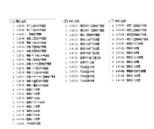

图 7　结构 BIM 应用范围

3.3　机电 BIM

为了更好地实现基于 Revit 的三维出图落地,设计者们进行了专业内部 BIM 制图规则编制,设置标准图框,出图时把相应视图添加到图纸即可;设置共享参数等数据,完毕后可在项目属性内对图纸设计人、审定人等进行修改;收集项目族库、过滤器以及样板文件设置等;合理划分工作活动集对模型进行拆分:建立塔楼、地下室以及裙房 3 个工作文件,避免模型内存过大;利用各种平面注释族补全三维出图缺失的构件,提高了效率,实现快速出图。

同时,在设计出图过程中,充分有效利用 BIM 三维可视化的优势,使专业间的协调变得更简单有效,具体应用体现在以下几个方面:

(1) 利用 BIM 模型可视化以及参数性,将管道竖向附件、翻弯、竖向连接具象表达;

(2) 快速剖切建筑平面,具象化并合理地进行管线布置,避免错漏碰缺;

(3) 可视化真实管线布置以及管件构件连接,对后期指导施工提供了技术支撑;

(4) 简明有效的三维图示比言语上的沟通更容易让人信服,争取合理有效的机电空间,使对外提资更具有说服力;

(5) 结构墙上的留洞表达更直观,可以作为后期施工交底的依据之一,使对内提资更直观有效。

机电各专业具体正向设计出图情况如下。

3.3.1　暖通设计

在本项目的暖通设计中,全面采用 BIM 正向设计出图和传统 CAD 出图相结合的方式,其中地下室部分,全部系统,平面图、部分机房详图和全部系统水力计算;裙房的部分水管和全部风管系统,塔楼部分全部系统,平面、部分机房详图、部分系统水力计算等都是通过 BIM 正向设计实现;所出图纸,除说明、材料表、系统图外所有图纸都由 Revit 模型直接导出。

为了更好地实现正向设计出图,利用整合设计流程提效工具——Dynamo 小程序提升沟通和出图效率,以单线 DWG 生成水管为例见图8。

3.3.2　给排水设计

在给排水设计中,地下室全部给排水及消防平面图,裙房全部给排水及消防平面图,塔楼全部给排水及消防平面图、部分机房详图等都由 Revit 模型直接导出,图 9 为给排水应用出图部分成果展示。

3.3.3　电气设计

电气设计团队首先对项目的设备,桥架导线等进行系统分类。设置好对应分类颜色,以便更好地分辨,在不同系统的平面中只需要用过滤器勾选对应设备即可。采用链接模型,覆盖型,最终实现了电力平面图、照明平面图、火灾自动报警平面图、综合安防平面图的正向设计出图。

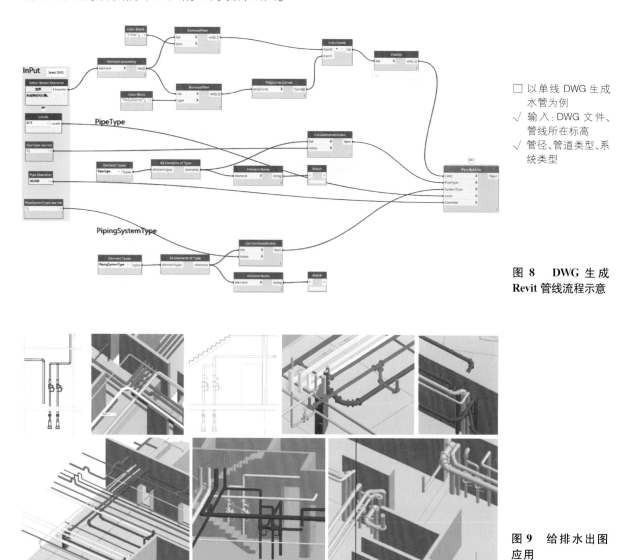

□ 以单线 DWG 生成
水管为例
√ 输入:DWG 文件、
管线所在标高
√ 管径、管道类型、系
统类型

图 8　DWG 生成
Revit 管线流程示意

图 9　给排水出图
应用

4　BIM 施工

4.1　BIM 实施方案及施工标准

　　本工程施工阶段 BIM 实施与统筹,由施工总承包单位上海建工一建集团有限公司完成,负责对分包单位 BIM 成果进行信息整合与传递,提高项目信息传递的有效性和准确性。

　　基于经过 BIM 顾问确认的设计成果,并依据国家规范及陆家嘴集团标准编制施工阶段 BIM 实施方案,从而进行施工阶段的 BIM 应用,确保施工工艺、施工进度、施工组织协调满足本项目的建造需要,最终形成包含本项目全生命周期的施工管理数字化竣工模型。

图10为本项目施工BIM综合协调流程,在施工阶段不同分包单位施工前,对施工模型进行深化,提前协调解决施工过程中可能会出现的碰撞问题,并由BIM顾问对深化模型进行审核。

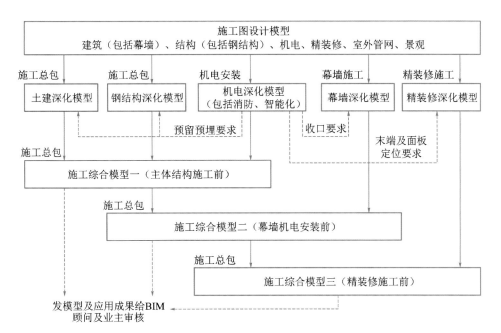

图10 施工BIM协调流程

4.2 专业协调、可视化应用

利用BIM进行管线综合的绘制,避免后期返工,并提前对各区域的净高进行分析。

4.3 辅助出图

在项目机电模型完成后,利用品茗插件对各楼层的结构洞口进行预留,采用此方式可最大化避免遗漏预留结构楼板洞口以及墙身洞口。

4.4 进度管理

项目进度管理是项目管理中的关键内容,工程实践的经验表明,施工进度的合理安排,对保证工程项目的工期、质量和成本有直接的影响。

本项目施工进度计划与BIM模型相连接,形成4D的施工模拟,对比计划进度与实际进度,分析施工计划的可行性与科学性,并根据分析结果对施工进度计划进行调整与优化,实现精细化的进度管控,如图11所示。

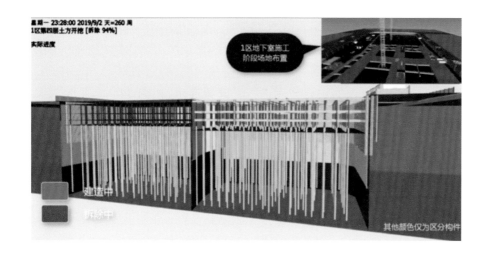

图 11 施工进度
管理

4.5 施工方案模拟

塔楼核心筒处共有 16 根大型钢柱,本次主要对型钢柱及附近梁节点进行方案模拟,复杂钢筋节点模拟见图12。结构钢骨柱转换箱型钢骨柱核心区起到传接力和连接的作用,此处节点安装步骤多,钢筋排布密集、构造复杂。故对核心筒区域复杂钢筋节点、型钢节点进行精确翻样,对复杂节点进行综合优化,模拟钢筋绑扎工艺,保证施工的可行性。

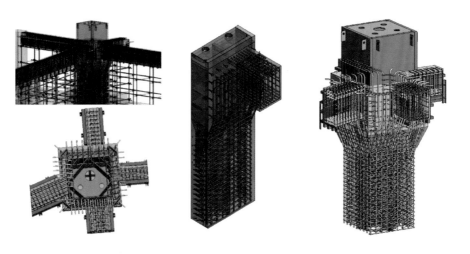

图 12 复杂钢筋
节点模拟

本项目核心筒 1~2 层使用承插型盘扣式钢管脚手架,架体高度为13.25 m,采用落地形式布置。BIM 团队依据搭设流程,建立脚手架模型(图 13),通过模型验证脚手架排布方案合理性,从而优化排布方式。最终,还通过 Revit 生成脚手架主要构件工程量清单,指导材料进场。

图 13 盘扣式外脚
手架排布模拟

4.6 质量管理

BIM 团队通过 BIM 技术对施工过程中的重要节点进行了建模展示,如图 14 所示,以便后续进行施工交底,从而提高施工质量。

此外,基于协筑平台,进行资料共享,提高项目资料管理效率,并支持移动端查看模型,更易于现场沟通、比对、发现问题。

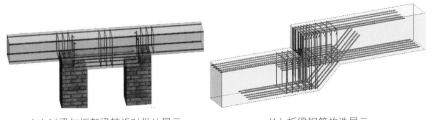

(a) 过梁与框架梁较近时做法展示   (b) 折梁钢筋构造展示

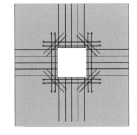 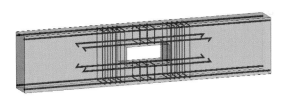

(c) 混凝土墙开放孔加强钢筋展示   (d) 连梁开较大洞加固展示

图 14　施工节点深化及 3D 交底

5　总结及展望

融耀大厦项目在建设初期就全面考虑了 BIM 技术在项目全生命周期的应用,合理地制定了各阶段的工作内容和成果交付标准,并一开始就明确了各方的工作界面,由专业的团队完成专业的工作。这样的安排,有效避免了由于不同 BIM 供应商之间工作界面不清晰、成果标准不统一导致的交接困难和成果复用性差等问题,为项目全程有效应用 BIM 技术打下良好基础。

当前,通过正向设计的尝试,项目团队体会到设计工作效率的提升,提高了图纸质量,但也对设计人员综合素质提出更高要求:首先是对空间逻辑的提升,从二维升至三维不仅是平面 + 剖面,而是空间思维的提升。这要求设计人员要有全局观,在设计过程中集合更多的信息,包括空间、材质、做法等,并且设计细部需要更多模数化的表达,才能有效提高设计效率,完善设计成果。在设计过程中,BIM 工作界面比较清晰,适合多人协作作业;族具备参数属性,大大提高了重复构件的绘图效率;在模型构件之间,构件与注释双向联动,节省出图时间。更为有利的是,三维视图非常直观,大大方便了各专业间的沟通、拍图和修改,准确的模型信息,有助于管线综合布置和碰撞检查,减少后期变更。

就现阶段而言,BIM 技术应用尚存在一定的局限,比如目前正处于二维到三维的过渡阶段,设计建模非常依赖于族库资源的丰富性和完整性。很多设计人员均反映,二维夹杂三维的拍图过程,BIM 工作量远大于 CAD 工作量。因当前的各类审批及成果提交均需要二维图纸,出图依赖于建模深度,并且图纸的表达样式与深度同现行成熟的 CAD 模式有较多区别,对于图纸细节的实现较困难,如构造配筋无法实现常规平法表达等。在工作中,设计修改和变化,对精确建模的各专业来讲增加了工作量。BIM 软件对于硬件的要求更高,而模型的运行效率会随着设计深入及模型量的增加而成倍降低,以至于在出图阶段的宕机成为了制约因素。

当前项目还在施工过程中,大量施工阶段的应用只是刚刚开始,但局部已有部分应用成果。从现有的应用效果来看,施工阶段的 BIM 应用有效地提升了现场的沟通效率,规避了部分现场错误和风险,但效果还未充分体现,项目团队会一如既往地发挥钻研精神,充分利用好 BIM 技术的协调性、模拟性等特点,将 BIM 的价值在项目建设过程中充分发挥、踏实落地,期待在项目竣工时,能交一份具有行业先进性、令人满意的 BIM 应用答卷。

（供稿人:邱经纬　徐航宇　王　杨　周吾君　张　磊）

专家点评

融耀大厦(前滩 16-02 地块)是 BIM 技术应用于项目全生命周期的典型公建项目。在该项目中,BIM 技术实现了平台化管理、全过程应用。在项目建设初期,由 BIM 顾问规划、设定了项目中各阶段 BIM 应用点、应用深度、交付成果标准及相关要求和实施各方的 BIM 工作界面切分,为 BIM 技术的全生命周期应用奠定了良好的基础。

设计阶段,作为少数采用 BIM 正向设计的项目,在实施过程中遇到了大量的问题,如标准问题、软件问题、平台问题、效率问题,设计师设计习惯及思维逻辑方式的改变,协同工作流程和方式的调整等等,但总体上还是有效地解决了传统设计中的错、漏、碰、缺问题,提升了图纸质量。通过本项目的实践,各参建单位也都总结了大量的经验教训,为将来设计院的三维设计转型,BIM 正向设计的应用推广做了有益的探索,也让项目开发单位看到了图纸质量的提升,体会到 BIM 技术给项目在设计阶段带来的价值。

由于项目还在施工建设阶段,总包承担的相关 BIM 应用还在进行中,通过现有部分成果的展示,如场地布置建模、基于 BIM 的施工深化、施工模拟、重点工艺工序模拟等,可以看到施工过程中利用 BIM 技术实现了更好的施工质量控制。当前已经有了好的开始,我们也预祝融耀大厦项目的 BIM 全过程应用获得圆满成功,树立行业标杆。

浦东三林保障房项目
——1∶1 的数字化建造

图 1　项目总体效果图(其中 06-01 地块位于右下角区域)

1 项目概况

1.1 工程概况

本项目位于上海市浦东新区三林镇内,性质为动迁房用地。06-01地块(图1)南至芦恒路、东至东明路、西侧接乔桉路、北侧为秀沿西路,用地面积为44 471.20 m²,容积率为2.0。用地内主要布置为17层住宅以及一至二层的相关配套服务用房,总建筑面积为115 190.98 m²,其中地上建筑面积为92 103.89 m²,地下建筑面积为23 087.09 m²。

本项目由光明房地产集团上海汇晟置业有限公司开发建设,由上海城乡建筑设计院有限公司负责建筑方案设计、上海东奉集团有限公司负责施工,上海城乡建筑设计院有限公司担任全过程BIM技术顾问。

1.2 项目特点

由于保障房项目是重要的民生工程且本项目位于浦东新区的重点区域,所以项目的品质、建设进度和居住舒适度深受业主关注,因而设计和施工的质量要求很高。除此之外,本项目还有如下特点:

(1) 地下车库,特别是人防区域,建筑空间有限,机电配套专业多,管线复杂。

(2) 装配式建筑预制构件的类型较多,部分造型复杂,二维图纸无法直观表达。现浇部分和装配式部分连接处结构复杂,钢筋密布,仅通过施工图无法准确预估施工安装中的问题。

(3) 设计阶段存在协同问题。不同专业设计相互独立,缺少多专业协同,容易发生不同专业间的碰撞,后期施工的难度较大。

(4) 施工过程中存在协同问题。本项目参与单位众多,装配式建筑对设计、深化、加工、运输、施工等各个环节的把控要求高,因此若没有BIM平台协同管理,可能会影响整个项目的实施进度。

基于以上特点,本项目将BIM技术充分融入设计、预制、施工准备、施工四个关键阶段,将工程设计与BIM技术相结合以提高施工图阶段图纸的质量,从而把只能在施工过程中发现的大部分问题提早在施工前发现并解决,大大减少了不必要的错、漏、碰、缺,进而提高了项目的施工质量。本项目利用BIM三维可视化设计,构建建筑机电三维模型,使各专业信息得到整合。BIM的碰撞检查和自动纠错功能,能够帮助设计团队找到各专业的设计冲突,使得项目图纸表达在设计阶段变得清晰、直观,进而减少了设计变更,提高了设计水平,避免了由于设计原因造成的资源浪费和成本增加。在施工前期,项目团队提前搭建场地模型,对场地布置方案进行比选论证,从而保证了施工场地布置的合理性。在PC构件安装前,提前模拟吊装安装方案并对预制构件或施工方案进行优化,避免由于方案问题导致后续的返工。本项目通过光明地产集团企业级 BIM 管理协同平台,将各参建单位整合起来,大大提高了管理和协作的工作效率。场地 BIM 设计模型见图 2。

图 2 场地 BIM 设计模型

2 BIM 组织架构

本项目由业主方主导,聘请 BIM 顾问作为项目的总协调,并要求设计单位、总承包单位、专业分包单位和供应商根据要求组建自身的 BIM 团队,需要各参建方具有 BIM 应用能力。BIM 顾问制定项目标准与管控措施,统筹和管理整个 BIM 团队。BIM 团队组织架构见图 3。

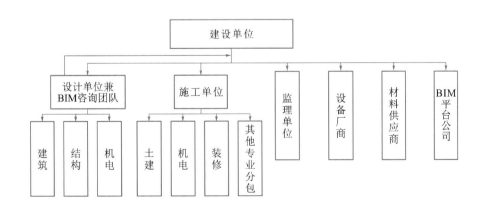

图 3 BIM 团队组织架构

3 BIM 软件

BIM 软件应用环境见表 1。

表 1 BIM 软件应用环境

软件	厂商	版本	导出格式	功能
Revit	AUTODESK	2019	RVT,NWC,IFC	用于建筑、结构、机电、精装等专业 BIM 模型的创建
Navisworks	AUTODESK	2019	NWD	用于各专业的模型整合、碰撞、四维模拟
Lumion	ACT-3D	9.0 及以上	LS,AVI	专业效果制作和输出软件
Ecotect	AUTODESK	2014 及以上	—	建筑能耗分析,热工性能,水耗,日照分析
BIM360 Glue	AUTODESK	2019 及以上	—	利用 iPad 进行轻量化模型浏览

4 项目应用介绍

4.1 BIM 应用目标

本项目应用 BIM 技术,旨在减少设计变更,提升施工品质,加快施工进度,优化项目成本,实现虚拟建造。通过建立BIM协同平台支持各专业协同设计,在施工前提早发现图纸问题,优化设计参数,针对难点工艺进行模拟建造,将成本信息与模型相关联,对构件进行初步算量等实现本项目 BIM 应用目标。在本工程中,除了完成上海市 BIM 应用指南相关应用项要求之外,我们充分结合项目实际需求,开展了专项应用和研究,旨在充分挖掘和发挥 BIM 落地实用价值。项目各阶段 BIM 应用见表 2。

表 2 项目各阶段 BIM 应用

						本项目应用项		
序号	应用阶段		应用项	必选项	可选项	必选项	可选项	附加项
1	设计阶段	方案设计	场地分析		✓			
2			建筑性能模拟分析		✓		✓	
3			设计方案比选	✓		✓		
4		初步设计	建筑、结构专业模型构建	✓		✓		
5			建筑结构平面、立面、剖面检查	✓		✓		
6			面积明细表统计		✓	✓		
7		施工图设计	各专业模型构建	✓		✓		
8			冲突检测及三维管线综合	✓		✓		
9			竖向净空优化	✓		✓		
10			虚拟仿真漫游		✓		✓	
11			建筑专业辅助施工图设计		✓		✓	

《本市保障性住宅项目应用建筑信息模型技术实施要点》(沪建建管〔2016〕1124 号)

序号	应用阶段		应用项	必选项	可选项	本项目应用项		
						必选项	可选项	附加项
12	施工阶段	施工准备	施工深化设计	√		√		
13			施工方案模拟	√		√		
14			构件预制加工	√		√		
15		施工实施	虚拟进度和实际进度比对		√		√	
16			工程量统计		√		√	
17			设备与材料管理		√		√	
18			质量与安全管理	√		√		
19			构建竣工模型	√		√		
20	运维阶段	运维	运营系统建设	√				
21			建筑设备运行管理	√				
22			空间管理		√			
23			资产管理		√			
24	构件预制阶段	构件预制	预制构件深化建模	√		√		
25			预制构件的碰撞检查	√		√		
26			BIM 模型出预制构件加工图		√			
27			预制构件材料统计	√		√		
28			BIM 模型指导构件生成	√		√		
29			预制构件安装模拟	√		√		
30			预制构件信息管理		√		√	
31	附加项		企业级 BIM 管理平台					√
32			建立项目户型库、PC 构件库					√
33			VR 全景应用					√
34			BIM 培训（Revit/Navisworks/BIM 平台）					√
合计				18	12	16	/	4
				30		27		

4.2 项目应用点及成果展示

BIM 协同建筑、结构、机电、PC 各专业根据相应的建模标准及依据构建各专业模型。各专业三维模型见图 4—图 6。

4.2.1 设计阶段 BIM 应用

1. 设计方案、场地、建筑性能分析

本项目利用 BIM 技术对场地、总体指标、建筑性能进行分析（图 7），提升设计品质和优化设计方案。

图 4 地上建筑结构整体模型

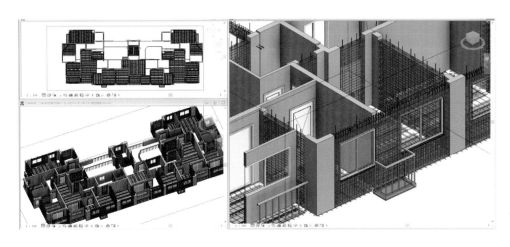

图 5 预制构件深化模型

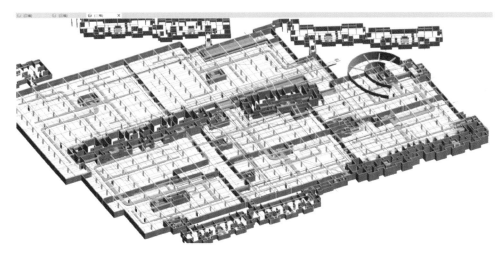

图 6 地下室机电模型

2. 外立面核查及优化设计

本项目利用 BIM 技术对建筑平立剖面、外立面校对核查(图 8),优化外立面设计,避免或减少施工图阶段的大量修改。

图 7 建筑方案、场地、性能分析

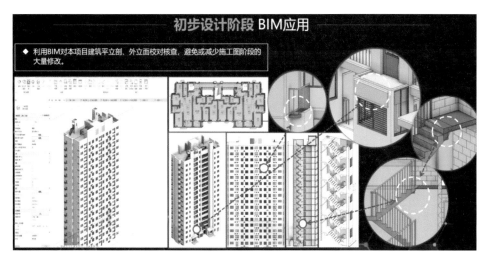

图 8 平立剖、外立面问题核查

3. 图纸三维校审、碰撞核查及管线综合

基于 BIM 模型进行冲突检测及三维管线综合校审,完成建筑项目设计图纸范围内各种管线布设与建筑、结构平面布置,以及与竖向高程相协调的三维协同设计工作(图 9),以避免空间冲突,尽可能减少碰撞,避免设计错误传递到施工阶段。

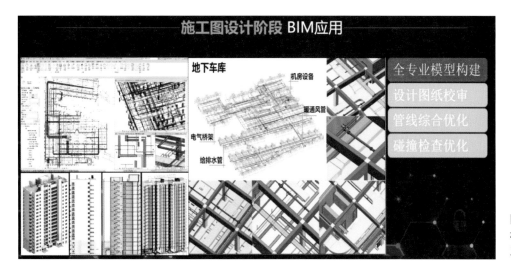

图 9 BIM 模型、校核、碰撞核查及三维管线综合校审

4. 利用 BIM 模型优化机电管线排布方案

基于各专业模型,优化机电管线排布方案见图 10,对建筑物最终的竖向设计空间进行检测分析,并给出最优的净空高度。利用 BIM 软件模拟建筑物的三维空间,通过漫游、动画的形式提供身临其境的视觉、空间感受,及时发现不易察觉的设计缺陷或问题,减少由于事先规划不周全而造成的损失。

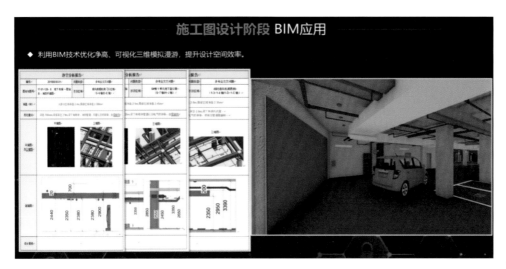

图 10　净高优化、三维漫游

4.2.2　预制阶段 BIM 应用

构件深化、辅助出图、材料统计及建立构件数据库。在预制装配式保障房 BIM 应用过程中,根据项目需要,建立构件模型及信息库(图 11)。提升构件厂、设计单位以及施工企业的可视化协同能力,同时明确设计重点,减少建材的损坏及浪费。另外,在预制构件设计阶段提前对构件拆分方案进行分析、对比、模拟,尽可能减少构件的种类,减少由方案问题所带来的成本增加。

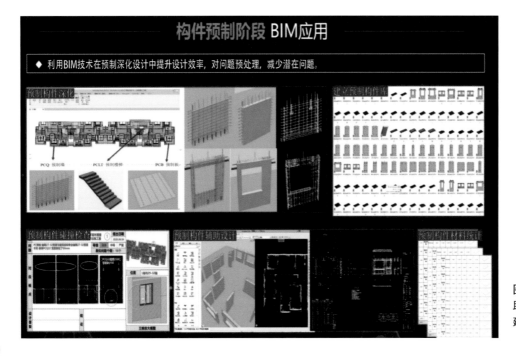

图 11　构件深化、辅助出图、材料统计及建立构件数据库

4.2.3 施工阶段 BIM 应用

机房深化、预留洞口验证、场地施工方案模拟见图 12。施工阶段的 BIM 应用价值主要体现在施工深化设计、施工方案模拟以及构件预制加工等方面。该阶段的 BIM 应用对施工深化设计的准确性、施工方案的可行性都起到了至关重要的作用。

图 12 机房深化、预留洞口验证、场地施工

4.3 特色应用点及成果展示

4.3.1 BIM 在人防设计中的应用

地下室人防区域易出现的问题如下：

(1) 人防门安装和开启过程中可能与管道、梁碰撞；

(2) 人防门开启后会占用门后的停车位。通过 BIM 参数化，本项目增加了对安装空间的定义(顶部吊装空间、开启路径上的空间)，实现了对有效空间内软碰撞问题的检查，有效避免了上述情况的发生。详见图 13—图 15。

图 13 人防门开启空间常见问题分析

图 14　可验证开启空间内碰撞的自定义参数化人防门

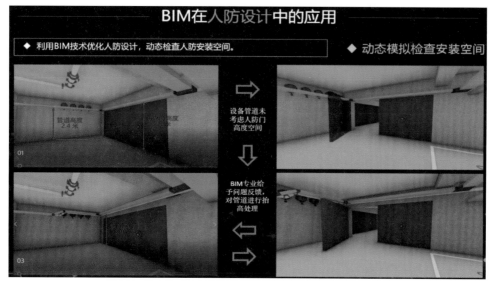

图 15　可视化动态验证

4.3.2　BIM 正向辅助出图

随着各地区相继推出 BIM 正向设计的要求,我们可以看出 2020 年已成为 BIM 正向设计的新纪元,本项目地上部分单体采用了 BIM 正向设计,在实施过程中通过创新实践摸索出一套较为完整的全专业出图方案和方法,包括如何将三维图形转换为二维平面、剖面、立面图,标注线型、线宽且注明如何匹配,节点详图如何关联,如何利用图纸快速布图,目录如何自动关联,如何快速打印成图,等等。项目充分利用 BIM 可视化、关联性等优势来打破传统建模思路,将 BIM 正向出图推向可实施阶段。详见图 16。

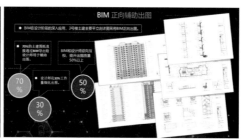

图 16　BIM 正向辅助出图

4.3.3 BIM标准节点应用手册

本项目通过总结以往项目的设计施工经验,整理出了企业标准级的节点详图(图 17),并建立了 BIM 模型,将传统二维表达不全面的部分通过三维及多维度展示,使设计要表达的意图更容易被理解。通过参数化控制,实现一模多用,构建快速表达图纸中重要节点在不同角度、不同形态下的模型。施工三维节点涵盖 6 大类,即建筑、结构、预制、安装、景观和安全文明;三维节点体现 5 大特点,即可视化、参数化、集成化、多用性和关联性;三维节点优势和作用明显,即可形成节点数据库,可用于企业宣传、企业内部培训、施工现场指导。

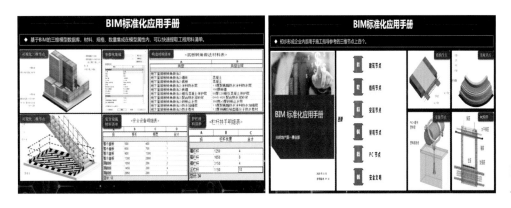

图 17　BIM 标准节点应用手册

4.3.4 企业级 BIM 协同管理平台

建立企业级 BIM 协同管理平台,使得各参建单位在统一平台上查看、更新 BIM 模型(图 18)。通过 BIM 协同管理平台,将现场的质量、安全问题以及施工过程中的影像资料关联到相应的 BIM 模型上,记录问题出现的原因,制定整改措施并进行整改。同时,将项目的质量和安全会议及时上传至平台,可以收集、记录工程项目近期的问题,避免同类问题再次发生。BIM 协同管理平台,可以将模型轻量化,通过电脑上传至平台后,能快速打开并查看,便于现场施工人员查看模型。

针对 PC 构件,在 BIM 平台上生成对应的二维码,每块构件拥有独立的二维码。通过扫描二维码更新查看预制构件的状态,同步反映到 BIM 模型中,实时把控整个项目的施工进度。

图 18　BIM 协同管理平台

5 总结与展望

本项目在各阶段,通过使用BIM技术和多维度的管理手段,提高深化设计图纸的质量,减少图纸中的错漏碰缺,使设计图纸切实符合施工现场操作的要求且能进一步辅助工程施工管理。同时应用BIM技术,建立完整的工程模型和数据库,结合项目实际需求发挥BIM优势,体现了BIM真正的实用价值。

BIM技术的可视性、协调性、模拟性、优化性、数据性等功能,可促进建筑业生产方式的转变,从源头上提高设计水平、把控细节;对关键环节精准算量,减少材料的浪费,有效控制成本;通过预制构件碰撞模拟,辅助装配式施工,做好质量安全底线的"守护者"。

本项目依托BIM协同管理平台,实现了"事前、事中、事后"分层管理,并形成了监管闭环,提高了各参建方协同工作的效率,让BIM技术真正落地。

本保障房项目上的实践经验和总结,可以复制、推广到商品房项目、特色小镇项目等更加复杂的工程项目,从而推动整个产业链的转型升级,产生辐射带动效应。

(供稿人:杜高强　周黎忠　苏　雯　徐汇达　丁杨兵)

专家点评

三林06-01地块项目,对专业协调、施工实施、现场管控都有很高的要求,在运用BIM技术解决错漏碰缺的基础上,采用BIM正向设计减少了施工图中出现的问题,取得了很好的效果。

该项目运用BIM技术对地下室复杂人防区域进行碰撞检测和净高分析,通过BIM技术对人防门进行了开启模拟,减少了设计问题,实现了虚拟建造。

该项目在正向设计方面也进行了有益的探索。通过对一部分施工图进行正向设计,积累了正向设计经验,具有创新性。

该项目运用BIM协同管理平台掌握工程进度,收集工程信息、编制BIM标准节点手册,产生了良好的效益,使各参建方的数据实现互通并在一定程度上实现了对专业人才的培养。

该项目的BIM创新应用能够有效解决保障房项目的设计施工难点,有很好的示范作用。建议进一步梳理各个阶段应用成果,形成书面材料,这项工作对后续项目具有一定的借鉴作用,并为运维阶段进一步探索后续BIM技术应用提供技术支持。

BIM 技术为工业建筑的精益建造提供了实现手段

图 1　项目概览图

1 项目概况

1.1 工程概况

利勃海尔中国总部大楼项目位于上海市浦东新区孙家浜北侧,高设北路东侧。工程包括1栋5层研发生产用房,1层地下室和1个门卫室,总用地面积为17 381 m²,总建筑面积为20 254.53 m²。研发生产用房中库房为钢结构单层建筑,车间为两层钢结构建筑,研发区为五层混凝土框架结构建筑,一层层高为6.00 m,二—五层层高为4.20 m,建筑高度为23.70 m(室外地坪至女儿墙高度)。门卫室采用钢筋混凝土框架及砌体结构,建筑高度为3.65 m(室外地坪至女儿墙高度)。

本项目建设单位为上海市外高桥保税区新发展有限公司;监理单位为上海同济工程项目管理咨询有限公司;设计单位为建学建筑与工程设计所有限公司上海分公司;施工单位为中国二十冶集团有限公司;BIM咨询单位为上海浦凯预制建筑科技有限公司。利勃海尔中国总部大楼建成后的项目概览图见图1。

1.2 项目特点

本项目虽工程体量不大,但具有界面复杂、装配率较高等特点。项目采用"业主为主导、顾问为支撑、多方协同参与"的BIM应用模式。项目建成后用作工业厂房,为满足空间功能性使用要求,需要对机电管线安装进行合理优化,由于厂房空间内层高较高,施工难度较大。

项目团队利用Aconex云服务管理平台通过通信、文档、流程和模型的单一事实来源协调设计、施工等各参建单位,通过易于使用的移动应用程序随时掌握工程项目进度动态,每个参建单位都可控制他们的数据和各自共享的内容,通过成本和日程表等功能对项目进行综合管控。BIM模型鸟瞰图见图2。

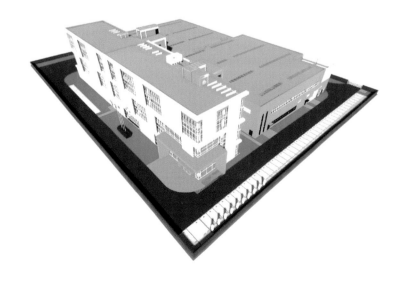

图2 BIM模型鸟瞰图

2　BIM 组织框架

本项目 BIM 技术应用组织由甲方、设计单位、甲方聘请的 BIM 顾问单位、施工单位组成,各单位协同完成项目的全部应用,项目组织架构及责任参见图 3、图 4。

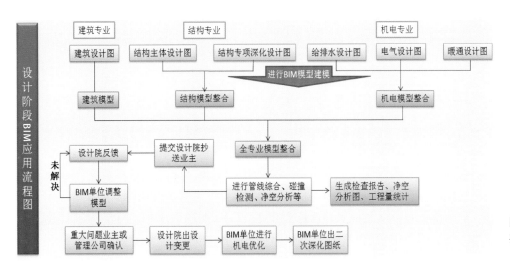

图 3　设计阶段 BIM 实施组织框架

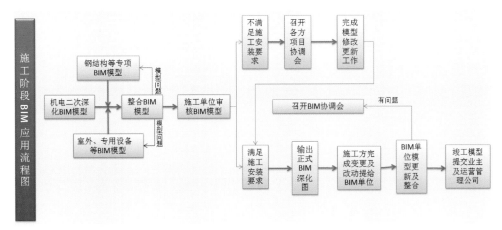

图 4　施工阶段 BIM 实施组织框架

3　BIM 软件

BIM 软件应用环境见表 1。

表 1   **BIM 软件应用环境**

名称	出品方	版本	输出文件格式	作用
Revit	AUTODESK	2016	RVT,NWC, IFC,DWG	用于建筑、结构、机电等各个专业的模型创建与模型整合等
Navisworks	AUTODESK	2016	NWD	用于各专业及各分项间的模型整合、碰撞检测、净高分析等
Lumion	ACT-3D	5	MP4	用于专业效果、漫游展示等
CAD	AUTODESK	2014	DWG	用于平面图纸核查、调整及二维图纸处理
Aconex	ORACLE	2019	doc,xlsx	进行项目管理、模型在线浏览等

4 项目 BIM 应用

4.1 BIM 应用目标

（1）在设计阶段提供场地分析、虚拟仿真漫游、各专业建模、平立剖面检查、碰撞检测、三维管线综合、净空优化、二维制图表达等应用项。

（2）在施工准备阶段提供施工深化设计、施工方案模拟、施工场地规划、构件预制加工、施工场外准备等应用项。

（3）在施工阶段提供自现场施工开始到竣工验收整个实施过程的应用项,包括虚拟进度与实际进度比对、设备与材料管理、质量与安全管理、竣工模型构建等。

整体项目通过 BIM 技术的应用达到协助、指导、检查设计和施工的作用,同时协调建设方、施工方、专项分包单位,降低设计图纸的错误率,提高工程质量,保障工程进度,控制工程造价。

4.2 BIM 应用点概览

具体应用点详见表 2。

表 2   **项目 BIM 应用点**

序号	应用点	主要完成内容
1	虚拟仿真漫游	设计方案模型漫游视频,进行可视化分析
2	建筑结构专业初设模型搭建	初设阶段包含项目建设内容中建筑结构专业模型搭建
3	建筑结构平立剖面检查	初设阶段核查建筑、结构设计,对方案设计进一步深化
4	面积明细统计	复核设计图纸中房间面积
5	机电专业施工图模型搭建	初设阶段包含项目建设内容机电专业模型搭建
6	建筑结构专业施工图模型搭建	包含项目建设内容中建筑结构专业模型搭建

序号	应用点	主要完成内容
7	碰撞检测及三维管线综合	各专业碰撞、管线综合报告，机电管线与土建平面图纸及竖向协调
8	净空优化	优化机电排布，给出最优净空高度
9	二维制图表达	基于BIM的二维图纸，保障表达一致性，为后续工作提供依据
10	施工场地规划BIM展示	指导施工总承包单位完成符合场地规划要求的现状模型建模
11	施工方案模拟	通过可视化模拟，提高方案审核的准确性，实现施工方案可视化交底
12	构件预制加工	利用BIM技术提高构件加工能力，提高效率及准确率
13	虚拟进度与实际进度对比	通过计划进度与实际进度对比，找出差异，分析原因，进行合理控制与优化
14	项目竣工模型搭建	当建筑物完成后，按照最终施工实际状况调整BIM模型，并附加建置所需的文件信息说明
15	设计工程量计算	利用BIM模型辅助设计、招标、施工工程量计算
16	预制构件碰撞检测	以钢结构为主且包含少量PC构件的碰撞检查
17	管理平台服务	为业主的项目管理平台的BIM模块提供数据更新和后台数据维护

4.3　BIM应用点展示

1. BIM模型创建

各专业模型构建：在初步设计模型的基础上，进一步深化专业模型，使其满足施工图设计阶段模型深度要求；使项目各专业的沟通、讨论、决策等协同工作在基于三维模型的可视化情境下进行，为碰撞检测、三维管线综合及后续深化设计等提供基础模型。专业BIM模型见图5—图7。

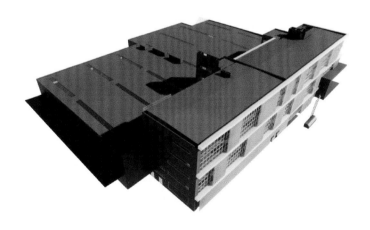

图5　建筑专业BIM
模型展示

2. 检查建筑结构平立剖面

对建筑结构平面、立面和剖面检查的主要目的是通过剖切建筑和结构专业整合模型，发现错误。模型剖切面展示见图8。

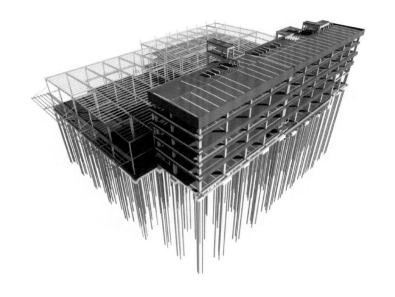

图 6 结构专业 BIM 模型展示

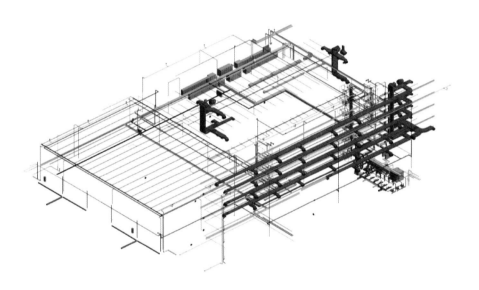

图 7 机电专业 BIM 模型展示

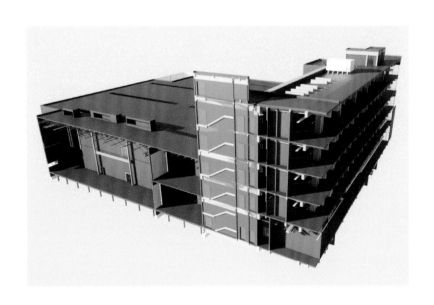

图 8 BIM 模型剖切面展示

3. 碰撞检查和三维管线综合

利用已搭建的 BIM 模型,检查各种错漏碰缺,进行管线综合调整,提出切实可行的设计优化建议并反馈给业主,建立与设计单位间的协同设计。本项目利用 BIM 技术共发现机电问题 57 个,土建问题 11 个(不包括同类型问题)。问题举例参见图 9、图 10。

序号	23
类型	碰撞问题
问题位置	IF10-21 轴交 K 轴
图纸	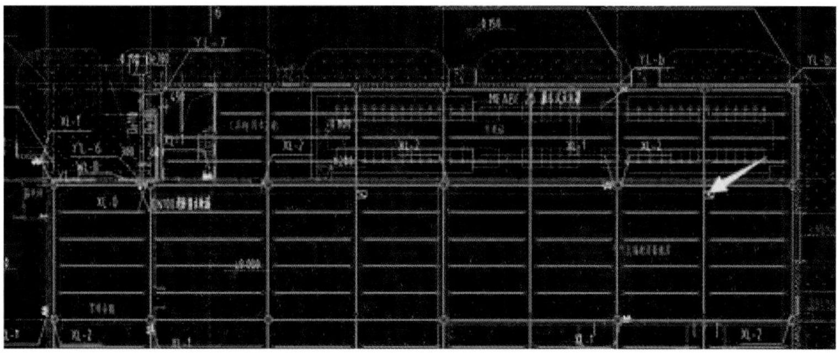
模型截图	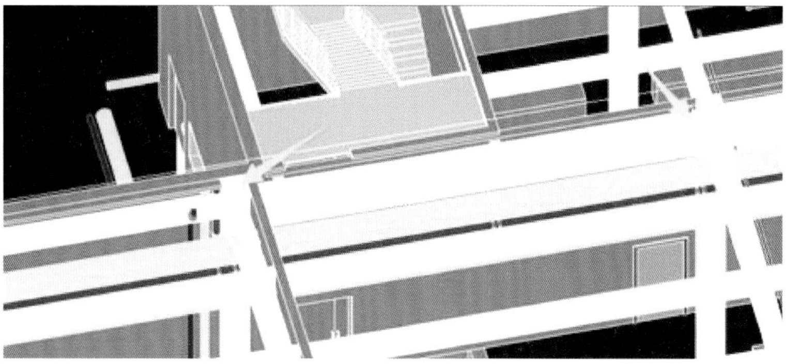
问题描述	此处一层到二层去机电管线,目前设计位置与梁相冲突
浦凯提出优化建议	
责任方最终答复	

图 9 碰撞报告展示

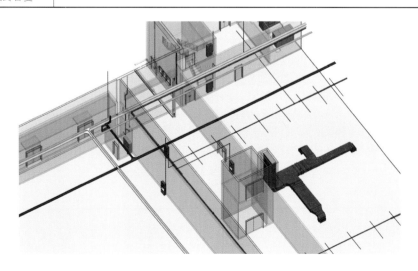

图 10 车间 BIM 机电管线展示

4. 施工场地规划 BIM 展示

对施工各阶段的场地地形、既有建筑设施、周边环境、施工区域、临时道路、临时设施、加工区域、材料堆场、临水临电、施工机械、安全文明施工设施等进行规划布置和分析优化,实现场地布置科学合理。场地模型见图11。

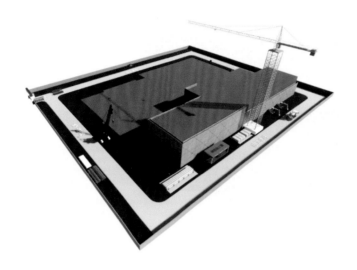

图 11　施工场地布置 BIM 模型展示

5. 虚拟进度与实际进度对比

通过计划与实际进度对比,找出差异,分析原因,进行合理控制与优化。进度计划模型参见图12。

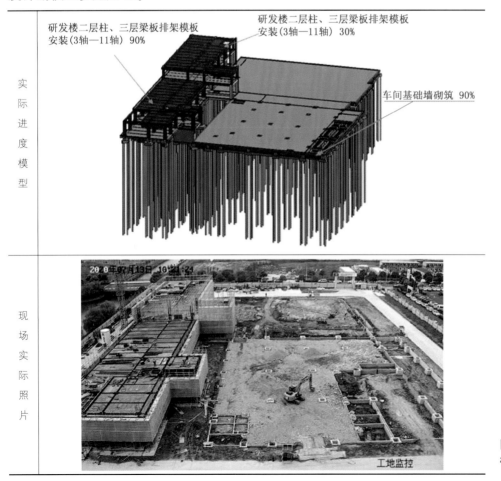

图 12　进度计划 BIM 模型及施工现场图

6. 管理服务平台

利用 Aconex 项目管理平台进行包含 BIM 模块在内的全过程云服务项目管理,提高工程效率及质量。Aconex 项目管理平台模型展示见图 13。

图 13　Aconex 项目管理平台展示

5　BIM 应用亮点

本项目在规划施工场地布置方案时,结合无人机航拍,为场地布置提供了真实有效的数据,结合工程实际将 BIM 在场地布置方面的优势应用到场地管理中,直接基于第三人视角在虚拟环境中对场地进行部署和模拟,快速、直观检查场地虚拟布置的合理性,以达到实际施工与资源的动态整合,节约了现场用地,减少了材料周转浪费。施工场地布置模型展示见图 14。

图 14　施工场地布置模型展示

利用 BIM 进行钢结构施工模拟、方案模拟对比。在施工作业模型的基础上附加建造过程、施工顺序等信息并进行施工过程的可视化模拟,充分利用建筑信息模型对方案进行分析和优化,提高方案审核的准确性,实现施工方案的可视化交底。钢结构施工模拟见图 15。

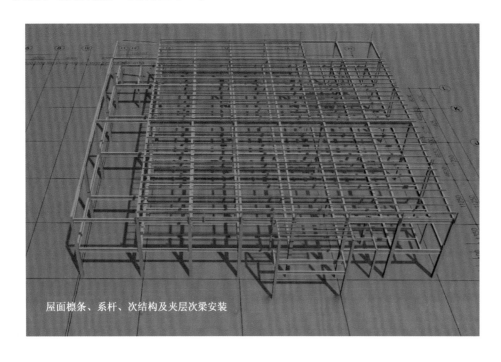

屋面檩条、系杆、次结构及夹层次梁安装

图 15　钢结构施工模拟

6　总结与展望

本项目利用 BIM 模型进行虚拟仿真漫游,帮助设计师和其他相关参与人员通过方案预览验证方案的合理性,确定合理的建筑内部功能布局以及机电系统方案,进一步检查建筑结构布置的匹配性、可行性、美观性以及设备干管排布的合理性,协调各专业设计的技术矛盾,并合理地提出技术经济指标。利用 BIM 模型核查,发现土建设计问题 11 个,发现机电设计问题 57 个(不含同类型问题),避免了由此造成的施工错误,提高了室内净高。应用 BIM 技术的可视化特点,把未来可能出现的问题在设计阶段最大限度地解决,同时,利用 BIM 云服务平台的可视性及便利性改善了各参建单位的沟通环境,起到了“去噪”的作用,让设计方与业主以及施工方能够在统一的环境下进行沟通,节省了人力、物力、财力以及时间成本,提高了工作效率。

BIM 的应用需要主导单位与各个参与协作单位沟通协调,尽早进行 BIM 各专业、各分项工作的介入,统一建筑信息模型标准,合理地整合模型,避免模型创建的重复、不一致、信息不完整或滞后等问题的出现,通过搭建 BIM 管理组织架构,结合工程实际需求,完善 BIM 应用管理制度,做到多方参与、统一管理、一模多用。

(供稿人:夏可人　胡　寅　周寒得　王艳龙)

专家点评

　　该工程在设计与施工过程中,利用BIM技术在不同阶段中多个项目节点的应用,充分发挥了BIM技术在信息整合、数据共享方面的价值和优势,实现了基于BIM技术的全生命周期信息管理。

　　设计阶段:通过导则标准和信息框架的整体设计,创建能为项目和各方实施应用的三维模型,这是一个需要反复讨论、逐步深化的过程。因此,设计阶段主要以BIM技术优化设计,辅助解决复杂的沟通协调工作。

　　施工阶段:工程的进度、质量和安全是最主要的问题。通过BIM技术解决大量的施工进度模拟和模型深化工作,辅助各参建方对工程进度、质量和安全有效把控。同时,通过协同管理平台的项目流程管理、协同管理等功能对BIM成果进行共享和传递,保证各参建方信息一致性。该工程采用的Aconex云服务项目管理平台能够实现全项目范围所有流程管理,包括文档管理、工作流管理、BIM协同、质量和安全管理、招投标、移交与运维、报表分析、信息通知等内容。

　　该工程的BIM实施在建设单位牵头主导下,应尽可能将BIM应用实施主体推广到各个项目参与单位,在设计和施工阶段的应用并未完全发挥BIM的应用价值。该项目为工业厂房项目,在主体工程建设交付于运营使用方之前,若能将生产设备数据信息融合到BIM信息中,则能够有效避免生产运营期间产生的各种问题,并且结合生产运营单位的运行维护管理数据需求,在对主体工程BIM信息数据的完善、交付格式、有效信息的增补等方面具有指导性关键作用,使BIM的应用价值得到充分发挥。

BIM 在既有复杂市政公用设施改扩建中的凸显优势

图 1　项目效果图

1 项目工程概况

上海市轨道交通 14 号线蓝天路站地下连接疏散通道项目位于碧云国际社区内,杨高中路高压线部分公共绿地、S7-06 公共绿地地下,局部跨云山路、蓝天路,轨道交通 14 号线蓝天路站东侧,北至杨高中路,南至碧云路范围,主要涉及道路和市政绿化的用地,与轨道交通 9 号线、14 号线站厅贴邻。

周边为 S7 体育休闲中心、碧云花园一期、碧云花园二期、英国德威国际学校,北面高压线一侧为体育休闲公园,西侧为电信局及居住小区。项目周围市政设施齐全、交通便利、地势平坦、环境整洁,建设条件良好。

项目拟用地面积约 13 086.3 m²,包括杨高中路高压线部分防护绿地面积、S7-06 公共绿地面积和云山路及蓝天路的部分市政道路面积。

本项目地下一层西侧紧邻轨道交通 14 号线蓝天路站,北侧紧邻轨道交通 9 号线蓝天路站,分别有连通口和二者的展厅层连通,实现无缝衔接。地下一层东南侧和 S7-01 地块、S7-02 地块紧邻,通过预留的连通口,连通后续开发的 S7-01 地块、S7-02 地块的地下空间。项目旨在打造与地铁站厅一体化的城市公共地下通道,从而提升各地块人员流线通向地铁站厅的可达性,减少地面跨城市道路的人流,缓解地面交通压力,其主要功能是连接通道,兼顾艺术展览,仅在室内做艺术化的装饰、壁挂式的展览,将人群引入碧云社区,同时满足乘客对公共空间的多元素需求,展示社区特色,丰富地铁文化,为金桥社区打造未来城市副中心打下良好的基础(图 1)。

2 项目特点

2.1 项目 BIM 应用主要难点

(1) 项目位于轨道交通 9 号线与 14 号线交汇处,通道连接 9 号线与 14 号线两条线,施工困难。

(2) 项目上方管线密集,包括供水、电力、燃气、污水、雨水等管线,编制管线搬迁方案极其重要。

(3) 项目周边建筑物较多,多处结构邻近既有构筑物。

2.2 项目 BIM 应用重点

(1) 使用 BIM 模型能真实展现项目出入口、风井与周边环境的位置关系。

(2) 传统制图容易导致车站与市政管线、周边建筑及风险源出现冲突,BIM 模型能全方位展示所有关系,避免出现重大方案问题。

（3）通过建立 BIM 模型模拟客流，制定最佳项目方案，提出优化方案措施。

（4）利用 BIM 模型展现车站复杂断面、接口。

项目效果图见图 2。

图 2　项目效果图

3　组织结构

本项目 BIM 技术应用采用业主牵头协调，BIM 咨询单位主导，各 BIM 分项单位具体实施的组织模式。各参建单位各司其职，共同推进本项目 BIM 技术的深入应用。BIM 团队组织架构见图 3。

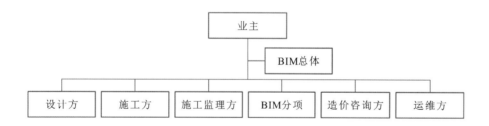

图 3　BIM 团队组织架构

4　BIM 软件

BIM 软件应用见表 1。

表 1　　　　　　　　　　BIM 软件应用表

软件	厂商	版本	导出格式	功能
Revit	AUTODESK	2016	RVT, NWC, IFC	用于建筑、结构、机电、精装等专业的 BIM 模型创建
Navisworks	AUTODESK	2016	NWD	用于各专业的模型整合、碰撞检测、四维模拟

软件	厂商	版本	导出格式	功能
Lumion	ACT-3D	9.0	LS, AVI	专业效果制作和输出
Fuzor	筑云科技	2017	EXE	BIM 虚拟现实展示
Massmotion	奥雅纳	2017	—	行人仿真模拟
协筑	广联达	—	—	用于 BIM 浏览和文档管理

5 BIM 应用主要内容

5.1 BIM 应用目标

根据轨道交通 14 号线蓝天路站地下连接疏散通道项目的特点，BIM 技术的应用从施工图设计阶段介入，直至项目建设期结束交付运营。各阶段 BIM 技术的主要应用点，如表 2 所示。

表 2 项目各阶段 BIM 应用

序号	应用阶段		应用项
1	设计阶段	方案设计	设计方案比选
2		初步设计	建筑、结构专业模型构建
3			建筑结构平面、立面、剖面检查
4			机电专业模型构建
5		施工图设计	各专业模型构建
6			碰撞检测及三维管线综合
7			净空优化
8			二维制图表达
9	施工阶段	施工准备	施工深化设计
10			施工场地规划
11		施工实施	竣工模型构建
12		协同管理	业主协同管理平台

5.2 设计阶段 BIM 应用亮点

5.2.1 场地现场仿真

通过场地周边环境数据、地形图、航拍图像等资料，项目团队对车站、停车场、区间穿越重要节点的周边场地及环境进行仿真建模，创建包括但不限于周边环境模型、车站主体轮廓和附属设施模型，可视化表现车站主体、出入口、地面建筑部分与红线、绿线、河道蓝线、高压黄线及周边建筑物等各类场地要素之间的距离关系，辅助车站主体设计方案的决策。周边环境效果图见图 4。

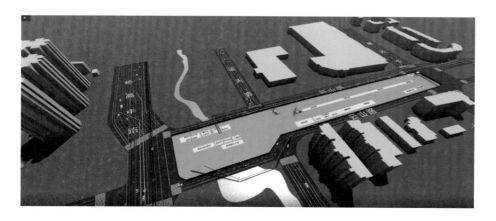

图 4 周边环境效果图

5.2.2 疏散模拟

本项目和轨道交通 9 号线、14 号线均相邻且连通,根据轨道交通 14 号线蓝天路站高峰客流,通过 Massmotion 软件,模拟人流高峰真实情况,根据轨道交通 14 号线蓝天路站 2045 年高峰客流,东象限的上客以及下客流,地铁中人流平时进入本项目的总人数为:1 214＋1 096＝2 310 人。疏散宽度参照《建筑防火设计规范》(GB 50016—2014)(2018 年版)第 5.5.21.2 条 1.00 m/百人。所需要的总疏散宽度为:2 310/100×1.00＝23.1 m。目前各疏散楼梯的总宽度为:4.0(1#楼梯)＋4.0(2#楼梯)＋5.2(4#楼梯)＋4.8(5#楼梯)＋4.4(8#楼梯)＋4.4(9#楼梯)＝26.8 m,两个下沉广场的疏散楼梯宽分别为 2.8 m,也用于疏散,总宽度大于23.1 m,满足规范要求。人流模拟效果图见图 5。

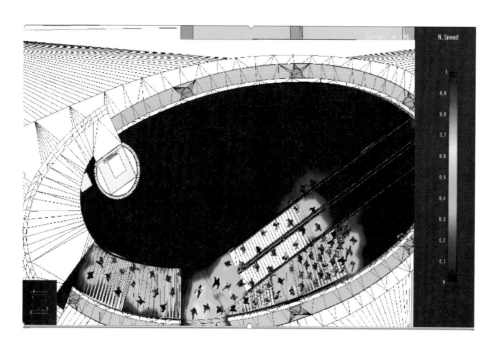

图 5 人流模拟效果图

5.2.3 管线搬迁

根据管线物探资料,对车站实施范围内的市政管线现状进行仿真建模,尽量精准表达管线截面尺寸与埋深、窖井的位置及尺寸,根据地下管线搬迁方案,建立各阶段管线搬迁方案模型,辅助设计方案的稳定及管线搬迁的优化。车站主体结构建成后复位的管线作为重要地下管线基础资料,管线搬迁效果图见图6。

图 6 管线搬迁效果图

5.2.4 三维管线综合设计

本项目探索了BIM融入设计流程的方式。不同于传统的碰撞检查及碰撞报告,BIM工程师直接负责管线综合及碰撞调整,各专业设计负责成果审核,最终BIM工程师参与图纸会签,确保三维管线综合优化的成果通过施工图纸传递到施工阶段。这也是BIM工程师直接进行三维管线综合设计的初次探索,发现并解决管线与结构之间、各专业管线之间的设计碰撞问题,优化管线设计方案,减少施工阶段因设计"错漏碰缺"而造成的损失和返工工作。管线综合效果图见图7。

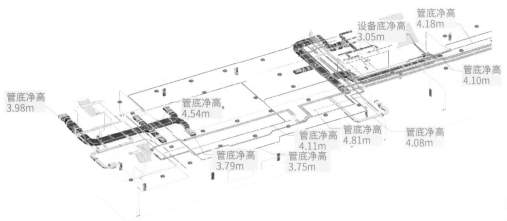

图 7 管线综合效果图

5.2.5 三维出图

完成管线综合设计后,为提高优化成果在BIM与机电各专业之间的传递效率,研究并打通了三维模型到二维出图技术路线,并二次开发了Revit软件从CAD导出图的插件,实现导出的CAD图满足各专业设计对图层的要求,机电各专业可在 BIM 模型导出的图纸基础上,深化出图。另外,为确保施工现场预留孔洞的准确性,从 BIM 模型导出每面墙体的管线孔洞剖面图,提供二次结构图纸深化。管线综合图见图 8。

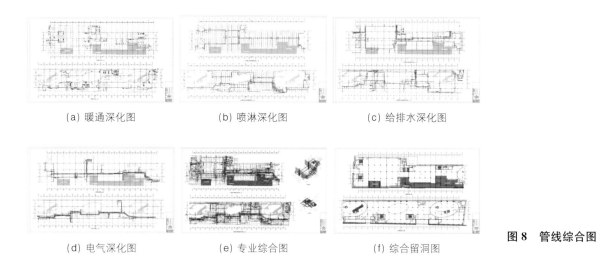

(a) 暖通深化图　　　　　(b) 喷淋深化图　　　　　(c) 给排水深化图

(d) 电气深化图　　　　　(e) 专业综合图　　　　　(f) 综合留洞图

图 8　管线综合图

5.3　施工阶段 BIM 应用亮点

5.3.1　设备族库

各机电设备完成招标后,与设备供应商相互配合,实现设备厂商族模型按照运营养护的最小单元拆分,并添加运维所需的主要技术参数及产品实际材质参数。另外,除厂商族模型外,还整理了一套完整的设备数据信息资料,如技术规格书、设备说明书、验收文件等资料。将这些数据存放于运维管理平台,实现模型与数据的关联,为运维阶段基于 BIM 应用的运维管理平台奠定数据基础。族库效果图见图 9。

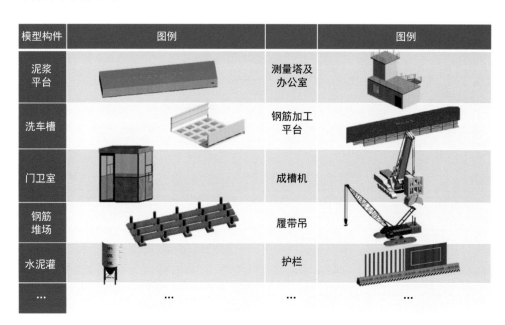

模型构件	图例		图例	
泥浆平台		测量塔及办公室		
洗车槽		钢筋加工平台		
门卫室		成槽机		
钢筋堆场		履带吊		
水泥灌		护栏		
…	…	…	…	…

图 9　族库效果图

5.3.2　施工深化设计

　　在 BIM 模型基础上,根据管道位置、尺寸和类型对综合支吊架的放置进行深化设计与优化,可有效排除综合支吊架与各专业的碰撞问题,优化支吊架设计方案,如图 10 所示,减少施工阶段因设计"错漏碰缺"问题而造成的损失和返工。

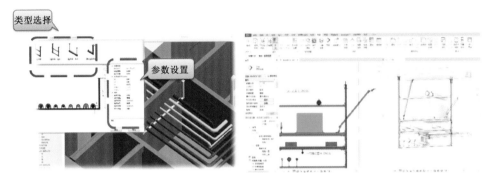

图 10　支吊架效果图示意

5.3.3　基于 BIM 的物联网人员管理

　　通过现场施工人员佩戴智能安全帽,实时采集进出场时间、工作时长和工作轨迹等工作信息,并通过管理人员的信息录入,实现基于移动端查看指定区域内施工人员基本信息和工人分布情况,便于对现场施工人员统一管理。智慧工地概念图见图 11。

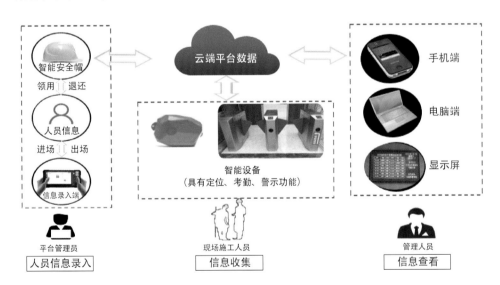

图 11　智慧工地概念图

5.3.4　基于 BIM 的物联网－应力管理

　　各支撑轴现场应力变化情况实时汇总到现场控制柜,然后传输到电脑,通过浏览器把接受应力数据关联到对应钢支撑后传输给相关人员,通过浏览器点击模型实时查看,对应力变化异常的进行现场检查和纠偏,最终使整个垂直度累计变化量控制优良。应力概念图见图 12。

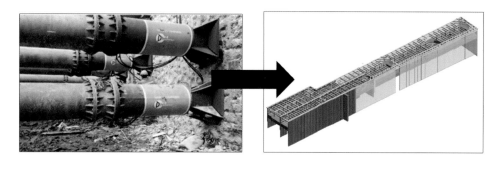

图 12　应力概念图

6　总结与展望

项目设计阶段,项目团队通过 BIM 技术建立的各专业模型图来检查项目的设计方案合规性及建筑三维效果,再通过 BIM 的碰撞检测、管线综合来发现施工图中潜在的设计问题,从而避免施工时因设计不合理导致的复工、返工现象。由此,通过 BIM 技术介入项目设计阶段,达到"降本增效"的效果。

项目施工阶段,通过 BIM 三维模型、BIM 深化设计成果来指导现场施工,在施工图设计阶段 BIM 就将设计图中存在的问题暴露出来,使现场施工可以减少大部分因设计不合理导致的拆改情况;在现场施工过程中预见难以解决的问题时,可以通过 BIM 模型的三维可视化来更直观地观察问题;除此之外,还可以通过 BIM 协同管理平台展示三维模型、存储项目过程中的文档图纸等资料,并在平台中协同各专业技术人员在模型中解决项目中遇到的技术问题;由此,通过 BIM 技术介入项目施工阶段,达到优化项目的施工进度、降低项目成本的效果。

竣工阶段,通过 BIM 技术建立三维竣工模型,通过施工单位提供的竣工图、项目竣工后现场测量结果、工程使用的材料及设备信息建立的完整竣工模型,不仅可以为项目后续运维阶段提供可参考的模型数据,并且可以通过竣工模型为项目提供可视化的竣工资料;由此,通过 BIM 技术介入项目竣工阶段,以更直接的方式观察项目的竣工成果,并提供了另一种可追溯的项目资料文件。

在轨道交通 14 号线蓝天路站地下连接疏散通道项目的 BIM 应用过程中,对连通道、地铁连接段等构筑物的全专业建模,以及常规应用点(例如管线搬迁与道路翻交模拟、场地现状仿真、施工筹划模拟等)的应用,为将来类似项目建设提供了参考依据,确保后续类似项目 BIM 应用的合理性和可实施性。

(供稿人:韩永祥　王孟倩　倪家卿　芮　华)

专家点评

　　轨道交通14号线蓝天路站地下连接疏散通道项目是14号线蓝天路站的配套项目,项目旨在打造与地铁站厅一体化的城市公共地下通道,该项目位于交通繁忙路段,并且涉及14号线车站施工与周边既有建筑,交叉作业量多,作业面广,工期较长。该项目在BIM技术应用方面具有很好的示范作用。

　　该项目采用业主主导、BIM咨询单位辅助,各单位共同实施的BIM应用方式进行BIM管理。各阶段BIM应用对象、目标清晰明确,从最后项目层面的反馈中也可以看出BIM技术应用在项目中取得了较好的效果,初步验证了"以业主为主导、顾问为支撑、各方参与"的BIM应用模式的有效性。

　　建议:针对此类涉及交叉节点多的工程,今后可继续沿用由建设单位从项目整体推进的角度提出BIM应用的总体目标和阶段目标,由咨询顾问按照目标要求制定技术标准、工作流程、工作职责、管理规范,进行任务分解以及过程管控,由参建各方根据标准和任务完成各自的工作内容,从"BIM＋项目管理"的角度将BIM技术的应用贴近工程实际,让BIM真正发挥其应用价值。

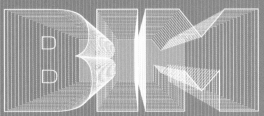

Awarded-winning
Proposal Cases

第二篇
方案类获奖项目

基于 BIM 的城市大型公共绿地开放空间智慧运营平台

图 1   张家浜绿地全景图

1 方案概况

1.1 方案背景

上海浦东开发集团(以下简称"浦开集团")是浦东新区直属的重要功能性开发企业,旗下拥有各类建筑设施,包括绿地公园、学校、医院、商业、住宅等,承担重要功能区域和大型生态开放空间的开发、建设、配套,并积极参与城市空间的运维治理。因此,集团一直积极探索运用现代科技手段提升管理服务水平。

碧云绿地(张家浜楔形绿地)是上海拟建的 8 个"楔形绿地"中的首个建设项目,建成之后,它将成为上海市最大的公共公园。本次方案以碧云绿地为样板,借助 BIM＋技术,打造大型公共开放空间的智慧运营管理平台解决方案,助力浦东新区打造超大城市治理样板。张家浜绿地全景图见图 1。

1.2 项目特点

以碧云绿地为代表的大型公共绿地开放空间,在运营管理和服务中存在以下特点:

(1) 绿地一般为大型开放性空间,空间范围大,大多跨越多个行政区域,在应急管理、环保管理、安防管理、城市管理方面需要与多个行政区域的委办局协同,协同难度较大。

(2) 绿地这类大型开放空间,涉及的管理区域广阔,管理范围多样,管理人员众多,这些因素制约了人员调度、任务调度的效率。

(3) 绿地中往往存在多种安全风险源,包括水域、偏僻区域、游乐设施等,依靠人力和传统安防手段难以完全保障区域内的人员安全。

(4) 绿地作为公益性功能区,缺乏营利手段,降低人员成本、设备成本、能源成本成为运营绿地的重要目标。

(5) 新时代的绿地运营,除了保障环境优美,还需增加更多人性化、个性化、科技感的服务,包括绿地内的衣食住行、周边导航、动态交互、娱乐体验等,为周边居民和游客提供更场景化、趣味性、人性化的游园体验,提高大区域范围内的居住品质。

基于以上特点,结合前期大量的案例调研,浦开集团结合自身需求和当前新技术的发展制定方案,借助 BIM、GIS、5G、人工智能、机器人等技术的科技赋能,勾画了一个未来新型的大型公共绿地开放空间的管理新模式。

2 总体方案设计

2.1 建设目标

　　本次方案通过融合 BIM、GIS、人工智能、物联网、机器人、5G 等尖端技术,建设一个大脑(绿地大脑)、两套系统(智慧绿地管理系统和智慧绿地服务系统),为两类用户(管理者和游客)几十类场景需求提供智能化、人性化的管理和服务支撑,打造"数联、物联、智联"的可视集成、泛在感知、智能干预、人性化服务的综合智慧运营平台。

2.2 架构设计

　　方案顶层架构图见图 2。

图 2　方案顶层架构图

2.3 应用场景

2.3.1 管理——无人管理

　　无人管理全景图见图 3。

1. 可视化底图

　　(1) GIS 地图:通过无人机航拍,对区域范围内绿地实现高空低空组合式拍照,通过对图片明暗变化的智能分析,利用 AI 算法实现自动化光影建模,精细度可达 3 cm,结合 GIS 引擎,实现区域范围内的三维 GIS 地图搭建。

图 3 无人管理全景

(2) BIM 模型:对绿地范围内的地下管线、建筑、设施设备根据竣工图实现 BIM 模型建模,便于后期的运营管理,与 GIS 地图结合,能够实现宏观和微观数据信息的融合。

(3) 数字资产:对绿地范围内的所有资产实现信息化和可视化,与 BIM 模型和 GIS 地图相结合,可以进行统一查询。

2. 无人驾驶

(1) 游客导览:由于绿地内的道路路线相对固定,可以在固定路线上实现导览车的无人驾驶,在固定站台接送游客,带领游客浏览绿地园区内的景点。

(2) 安防巡逻:通过在无人驾驶车前方加装安防探头,利用 5G 网络将安防监控画面传到云端进行分析,可以实现在无人驾驶路线上的安防巡逻和事件发现,在一定程度上弥补监控点位固定和监控死角造成的安防隐患。无人驾驶导览车见图 4。

3. 无人机巡逻

安防巡逻:从空中及时发现安全隐患,及时报警定位,联动到 GIS 地图。

客流监控:从空中对人员分布位置进行精准分析,实现区域化人流盘点和可视化分布分析。

消防巡逻:通过图像识别技术,可以及时发现火灾并报警。无人机见图 5。

图 4 无人驾驶导览车

图 5 无人机

4. 机器人巡检

（1）安防巡逻：通过机器人前端的实时监控，经过图像分析，及时发现安全隐患。

（2）设备巡检：在设备机房及人员不便进入场所，可以对设备参数进行抄表和巡检工作。巡检机器人示意见图6。

图6　巡检机器人示意

5. 无人超市

在绿地中布置多个小型无人超市，通过扫码进入，采用自动扣款的模式，为游客提供饮食和购物的便捷服务，节省人工成本，提高经营收入。无人超市见图7。

6. 智慧餐厅

通过自助点餐、机器人送餐等方式，提高餐厅运转效率和服务体验。智慧餐厅见图8。

图7　无人超市

图8　智慧餐厅

7. 智慧厕所

人流监测：通过传感器可以感知各个厕所的人流情况，并同步到服务小程序和管理大屏，引导游客前往其他厕所如厕。

环境监测：通过气味传感器可以对厕所内的氨气进行检测，掌握各个厕所的清洁度，并自动报警和分配工单，保障游客如厕环境舒适。

8. 智能综合灯杆

实现多种功能的智能综合灯杆，保障绿地的整洁美观和统一维护，智能综合灯杆具有智能广播、一键呼叫、环境监测、智能照明、AI安防、5G/Wi-Fi基站、广告屏、充电桩等功能。

9. 智能水务

水质监测：通过物联网对各区域水质进行实时监测分析并实现智能报警。

水位监测：对水位进行定期监测，超过警戒线将自动报警。

10. 智能绿化

自动灌溉：结合土壤、天气和灌溉周期，智能自动执行灌溉计划，减少人工干预。

土壤监测：对土质进行物联监测，当相关指标超标时实现自动报警。

植物档案：对所有的植物实现电子档案归集，包括植物的品种、特性、养护方法、养护记录等。

11. 资产管理

动态监控：通过物联传感，对设施设备可以实现动态监控和远程控制。

BIM 台账：重要设备和资产对应建立 BIM 模型，实现数字台账管理。

二维码/RFID 标签：通过二维码或者 RFID 标签实现实体资产资料查询和设备定位，方便设备日常保修和维护。

12. 智能派单

绿地的智能化管理还是无法完全脱离人员的介入，通过各类传感和无人设备的自动发现，以及后台大脑的分析研判，结合人员岗位、考勤、地理位置可以实现自动化智能派单，包括应急报警、设备维保、绿化养护、日常巡检、保洁工单等，减少人工介入派单的时间，实现高效精准的闭环管理。

2.3.2　游客——科技游园

（1）人脸识别。科技游园（图 9）可以利用人脸识别技术对人员画像进行甄别，包括性别、年龄等，并做好相关记录。

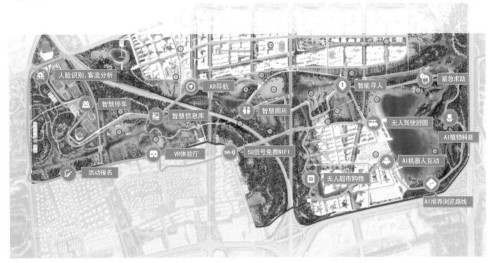

图 9　科技游园

（2）客流统计。结合客流监控、第三方客流数据（如移动运营商或微信客流）和无人机巡查，对区域内的客流进行可视化统计分析，了解客流总数、人流动线和客流分布，有效掌握游客动向和兴趣点，为安防和后续服务提升奠定数据基础。

（3）智慧停车。借助物联网技术，打造无人监管、自动引导、自助缴费的智慧停车模式,车辆的相关数据自动上传至云端分析,包括进出数量、车牌号、车位情况等,同步到小程序和公众号,提高游客停车体验。

(4)智慧信息屏。通过交互屏,将园区的地图、各类设施资源、游戏、免费Wi-Fi等功能整合,为游客提供导航、咨询、娱乐、上网等服务。

(5)AR导航。将园区内的景点、服务点、餐饮、厕所等导航信息整合进服务端,游客可以通过手机实现AR导航的交互式体验。

(6)智慧厕所。通过对接厕所的客流及环境数据,将数据同步到小程序端,游客可以查询附近的厕所排队情况,选择相对空闲的点位,提升如厕体验和资源利用率。

(7)智能寻人。在园区内发生人员走失,可以通过手机上传走失人员的照片和走失点位,借助区域内的安防监控和无人机进行人脸和轨迹搜索,快速定位走失人员,与此同时自动播报广播寻人,加速寻人效率。

(8)无人驾驶游园。可通过手机、停车点查询无人驾驶游园路线,预约座位,乘坐无人驾驶的导览车代步,切身体验科技游园。

(9)紧急求助。当发生紧急情况时,通过手机、信息屏、路灯,都可以一键紧急呼叫,实时报警到园区运营部门,第一时间进行接待处理,保证游客安全。

(10)AI植物科普。通过手机拍照,AI识别植物的名称、类别、特性等信息,游客可在赏花的同时提升对植物的认知水平。

(11)AI推荐浏览路线。根据游客画像(性别、年龄、本地外地等)的不同,小程序将通过AI算法智能推荐游园路线,如老人将推荐休闲散步的路线、一家三口推荐娱乐路线、年轻人推荐健身路线等,每个人还可以在此基础上定制自己的个性化路线。

(12)AI机器人互动。服务区内将布置几台交互型机器人,主要功能包括咨询、娱乐、引导等,提升服务区的趣味性,为游客提供交互式科技体验。

(13)无人超市购物。游客在园内的购物和饮食可以体验无人超市自助购物,便捷又新奇。

(14)5G信号、免费Wi-Fi。园内还将提供免费Wi-Fi和5G信号,为游客提供高速网络体验。

(15)VR体验厅。园内还将增设VR体验厅,提供虚拟游园的娱乐交互。VR体验示意见图10。

(16)活动报名。绿地内会不定期组织不同类型的活动,游客可通过手机查看活动信息并报名参加。

图10 VR体验

2.4 应用特色

1. 光影建模打造 GIS＋BIM 数字底图

通过无人机航拍、AI 自动建模，生成 GIS 地图，结合 BIM 技术，将地下管线、园内建筑、设施设备、绿化资产等信息录入平台，以轻量化的展示方式，构建一个绿地全景模型，打造数字底图。光影建模见图 11，BIM 轻量化展示见图 12。

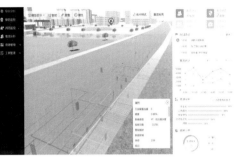

图 11 光影建模

图 12 BIM 轻量化展示

2. 率先多场景尝试无人化管理

应用无人超市、无人驾驶导览车、无人机、机器人、自动灌溉系统、智能路灯，为新技术提供应用试点，提高园区管理效率和品牌形象。无人管理场景见图 13。

图 13 无人管理场景

3. 跨区域跨部门联防联动

大型开放空间往往跨行政区域和跨部门管理，方案中融合公安、消防、环保、城管，结合 GIS 地图和报警类别，自动报警给对应部门，配合联防联动应急管理。跨区域联防联动示意图见图 14。

4. AI 互动式路线规划，优化游客体验

可以与社会团体合作，制定游园路线，游客也可以自主编辑游园路线并分享到平台，后台将根据每个游客的画像智能推荐相关游园路线。AI 互动式路线规划示意图见图 15。

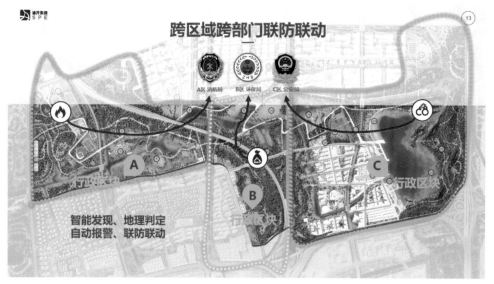

图 14 跨区域联防联动示意图

图 15 AI 互动式路线规划示意图

3 应用效果

（1）为浦开集团的区域化联动管理提供了数字底图。浦开集团旗下有大量的商业、住宅、学校,打造基于 BIM + 技术的数字资产平台,为未来的拓展和区域化管理提供了基础的数字底图,有助于促进区域化联动发展。

（2）为城市大型公共开放空间的运营和服务提供了参考样板。目前针对跨区域的城市大型公共开放空间的智慧运营和服务的样例较少,本方案具有普适性,可复制,可推广,为其他项目提供了建设思路。

（3）为新技术的应用落地提供了应用场景和实施思路。BIM、5G、无人驾驶等技术,在绿地这样的一个既定空间中可以针对明确的场景进行实际应用,有助于推动新技术在公共空间运营中的落地。

4 总结与展望

未来的城市发展将从建设向精细化运营转变,对于生活的居住需求也将从有居向宜居发展。大型公共绿地开放空间的项目将越来越多,具备良好的生态、优美的景观环境、丰富的活动设施、完善的商业配备、艺术人文特色和智能的科技体验,为周边居民提供一个亲近自然、放慢脚步的空间。

浦开集团本次的方案,以张家浜绿地为蓝本,引入 BIM、GIS、物联网、人工智能、VR/AR 等前沿技术,旨在解决大型公共绿地开放空间中存在的管理和服务两方面的难题,并借助科技赋能对传统的运营模式实现有效提升。本次方案通过多方面的案例调研、技术路径探索,确定了建设思路和应用场景,为未来的方案落地夯实了基础。

无人管理和科技游园是大型公共绿地开放空间的发展趋势,GIS 技术、BIM 技术作为可视化的综合信息载体,将在智慧城市推进的进程中扮演越来越重要的角色,与物联网、云计算、人工智能等各类先进科技的融合应用,将在未来的开放空间运营中发挥 1+1>2 的作用。未来的智慧城市将会是一个可视、物联、数联、智联的新世界。

(供稿人:樊鸿伟　许晓文　周毅人　贺宇凡　周珉宇　丁　洁)

专家点评

上海浦东开发集团作为浦东新区直属的重要功能性开发企业,率先探索新技术在城市大型公共绿地开发空间智慧运营管理领域的方案和模式,为其他同类项目梳理了可行性路线和样板。此次方案具有以下特点:

(1)聚焦大型开放空间的 BIM+拓展应用。BIM 技术在大型开放空间中的应用案例还比较少,此次方案针对城市大型公共绿地开放空间的特点给出了针对性方案,包括跨行政区域的报警联动、开放空间的人流监控、安防报警等。

(2)以应用场景驱动,以先进技术赋能。在运营管理阶段,BIM 技术无法独立发挥价值,必然需要结合其他技术(如 GIS 技术、无人机技术、人工智能技术等),此次方案从大型公共绿地开放空间中出现的管理场景、服务场景出发,根据不同场景的诉求,针对性利用技术特性解决问题,而并非简单地进行技术叠加。

(3)需求分析全面,落地实施性强。方案从游客、园区管理者、政府层面,考虑了安全性、娱乐性、交互性、高效性,覆盖了在园区内可能出现的所有衣食住行玩的场景,并根据大型开放空间的特性,选择了适宜的技术路径,为未来的项目落地提供了完备的顶层架构设计和可行性方案。

未来,希望上海浦东开发集团能够将此方案在项目中落地,进一步在实践中探索 BIM+技术在城市大型公共绿地开发空间运营中的应用模式和应用价值,积极为行业树立示范典型。

基于 BIM 的城市高架建设
低影响解决方案

1 背景分析

1.1 行业发展趋势

随着城市化的进程以及交通功能需求的提升,高架快速路建设规模逐渐加大,建设难度在不断增长。城市高架建设可改善区域交通,明显提升路网综合服务水平,使人们的出行更加便利。但工程本身具有建设规模大,线路长,投资高,参建方多等特点,且施工人员老龄化,现场人手短缺等问题也日益凸显,这对建设过程管理提出了更高的要求。

城市高架工程建设所面临的困难和挑战是多样性的,建成后对周边地块的环境影响较大,环评审批要求高;高架工程用地性质多样、前期工作量大;工程对管线、地下设施影响较大,存在管线搬迁投资高、周期长等问题。施工期间噪声、扬尘对周边小区的居民生活影响较大,并且施工期间也增加了快速路网及现有路网的交通压力,交通组织与疏导比较困难。如果仅依靠传统管理手段,很难打造出社会各界公认的高架建设精品工程。

因此,如何使城市建设质量进一步提升,建设管理更加有序,并且最大程度降低用地、管线、环境、交通对外界的影响,是工程建设者一直努力和不断探索的目标和方向。

1.2 现有管理方式存在的不足

高架建设全过程管理由于工程涉及范围大,影响面广,在项目初期就存在因数据不完整、部分资料准确性不够高、数据更新不及时、基础资料存储分散而造成的收集难与整合度大等问题。这类问题对后续工作开展带来了不确定性,同时工程资料数字化程度低也是制约信息化、智慧化工作开展的主要因素之一。

传统的现场管理方式人力投入大,但却很难做到 24 小时全天候监管,巡视覆盖范围受限,沟通对接不便等问题依然存在。同时施工现场信息数据量大,涉及政府监管部门、建设、施工、监理、设计等诸多主体,需服务于工程质量、安全、成本、工期等方面。人工采集的信息依然存在信息采集重复、信息交叉上报、信息冗余、滞后脱节、不完整、信息真实性难以保证等问题。

社会对高架工程建设过程的综合评价也会影响工程总体质量评价。因此,工程建设集约化、环境影响最小化、交通组织科学化是我们始终关注的重点。而传统管理由于缺乏可靠的手段作支撑,往往投入大但效益却不明显,针对现代城市高架建设的管理,打破传统管理模式、利用数字化手段作为管理支撑是当今时代的发展需求。

1.3　必要性与重要性

基于此,从项目管理集成,打造工程数字底座,探索智慧化管理手段,开展升级与改造是高架工程建设的必然趋势。一方面,这响应了国家与地方相关政策;另一方面,"新基建"时代背景下,城市精细化管理的基本需求,对行业发展和智慧城市建设有着深远的意义。

2　总体方案

2.1　方案总体情况

本方案针对城市高架建设中的质量控制影响因素,通过分析现有建设管理中存在的问题,借助多元数字技术,寻求智慧化手段应用场景,总结出一套基于 BIM 技术,并结合 GIS、信息化、IoT、AI 等技术协同与共享的技术方案,通过技术攻关、产品研发、标准制定、流程改造等方面的努力,使新技术能够落地。重点对工程前期决策、施工现场管理、交通组织、文明施工等方面开展优化与改进,通过数字化促进工程建设管理手段升级,从而实现质量管理目标,提升高架工程综合效益。进一步将城市高架工程打造成"高品质、低影响、精细化、智慧化"的民生工程。

2.2　平台总体架构

本技术方案打造一个平台,四大系统,多个场景,多功能应用,实现项目可视化、精细化、高效率管控。项目的建设以施工平台为基础,以施工数据为核心,整合项目倾斜摄影数据、GIS 数据、工程数据等,集成视频监控、AI 监控、门禁闸机、无人机、人脸识别、物联网监测等数据,实现项目总控、施工管理、智慧工地、预制构件管理等应用,为企业管理、项目管理、多方协同提供支持。系统架构见图 1。

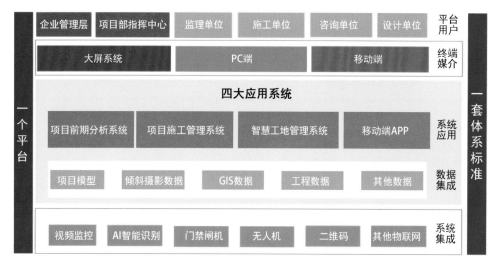

图1 系统架构

2.3 系统组成

基于 BIM + GIS 技术，收集并整合各类数据打造全景项目，实现工程环境一体化，地上地下一体化，二维三维一体化。在项目施工前实现对项目方案的展示、模拟、分析、论证及优化，对前期项目进行协同管理，并辅助项目汇报、演示、决策、评审等工作。借助完整的数据底座，为工程开展各类分析、决策与预判提供数据支撑。全景项目数据底座见图2。

图2 全景项目数据底座

依托 BIM + 信息化技术，打造工程协同管理，通过大屏、PC 和移动端，覆盖工程建设管理各个环节，借助信息技术使数据共享更及时顺畅，基本实现人、机、料、法、环等多要素的智慧化管理，包括质量、进度、安全、信息反馈等应用模块，实现工程项目的精细化、信息化管理。信息化建设管理系统见图3。

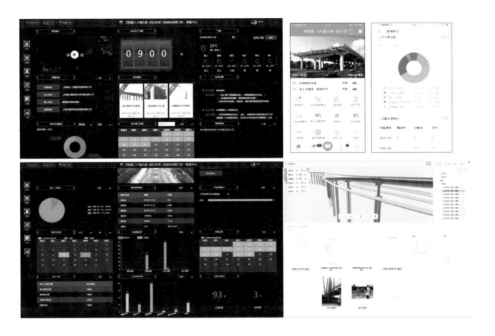

图 3　信息化建设
管理系统

BIM＋多元数字技术,包括物联网技术,图像识别技术,人工智能技术(辅助分析),MR 混合现实技术(辅助交底),云端存储与传输技术,5G 技术(带来大带宽与响应速率的提升)等。智慧工地系统见图 4。

图 4　智慧工地系统

3 主要解决的问题

本方案重点提升并改善城市高架建设过程中前期决策方案的科学性、高架工程对外界环境的友好性以及施工期间交通组织的安全有序性，共归结为7类问题的解决方案，具体如下所述。

3.1 提升前期决策方案的科学性

（1）针对工程的规划用地问题，优化方案用地，避免征地盲区。

解决方案：基于BIM＋GIS技术开展场地现状分析，通过建立用地权属模型，梳理土地用地性质，将不同性质的土地区分表达。将用地属性（权属、面积）与模型关联，方便决策者分类查看、定位与统计，能够直观体现工程征地用地需求。将方案用地与真实周边环境、林地、绿地水系等信息集成在一起进行边界校验，确定最优选址范围；尽可能减少方案用地影响范围并规避突破控制线的情况。土地权属分析见图5。

图5　土地权属分析

（2）针对地下管线搬迁量大的问题，提前优化管线排布，减少管线搬迁。

解决方案：针对复杂的地下管线，整合高架设计和管线BIM模型，优化桩基、下部结构及各类管线布置方案，应用BIM三维可视化技术检查设计阶段的管线碰撞，完成项目范围内各种管线布设与主体结构平面布置和竖向高程相协调的三维协同设计工作，尽量避免管线二次搬迁。指导管线搬迁与实施，基于初步的设计成果，开展碰撞检查，避免管线碰撞及空间冲突，同时综合协同各专业空间布局的合理性，并校验管线搬迁方案的合理性，为管线搬迁增速。市政管线分析见图6。

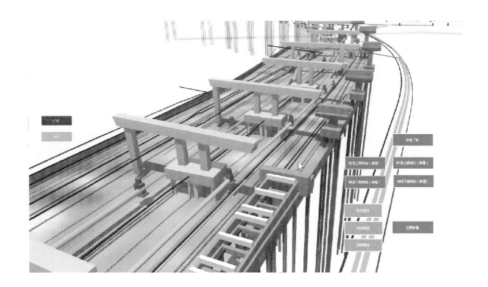

图 6 市政管线分析

3.2 提升高架工程对外界环境的友好性

(1) 针对新建工程对环境景观的不利影响,应兼顾景观与功能优化声环境。

解决方案:针对沿线环境敏感点分布情况,根据环评审批要求并结合居民诉求,通过设置多种样式的声屏障及主动噪声控制措施,改善沿线敏感点的声环境,满足环评审批条件,并利用可视化手段进行景观优化,确保声屏障与环境和谐共存。降噪措施及环境优化见图 7。

图 7 降噪措施及环境优化

（2）针对施工期间对环境的不利影响,保证环境监测与解决措施联动,实现绿色施工。

解决方案:基于自动监测环境传感器,结合物联网、云计算和无线网络通信技术,对施工现场的扬尘浓度、噪声、风力等级进行前端监测。后台数据处理系统分析扬尘颗粒物浓度,当颗粒物浓度超过设定值时自动启动区域喷淋系统,同时对进出施工大门的作业车辆进行特征识别和红外线高度监测,适时启动喷雾降尘设备,减少车辆进出扬尘影响。当风力传感器监测到现场风力超过6级时,系统自动发出指令提醒施工管理人员应禁止高空吊装作业。当在夜间施工系统监测到现场噪声超过55 dB时,也能自动发出指令,提醒施工管理人员采取降噪措施,减小对周边居民的影响。环境智慧管理见图8。

图8　环境智慧管理

（3）针对施工现场信息传递不及时的问题,采用移动端提升现场问题反馈的时效性。

由智慧平台每天将施工危险源推送给施工和监理单位相关人员,提醒当日施工安全注意事项,提前做好防范。项目施工、监理等管理人员通过平台手机App端可及时发现、上传现场的质量、安全、文明施工缺陷,通知相关人员闭合处理,平台自动实现统计汇总。施工过程中使用内部找茬单的快速反馈功能对外场外区域进行自查自纠,现场问题及时反馈、处理,避免拖延。移动端问题反馈与处理见图9。

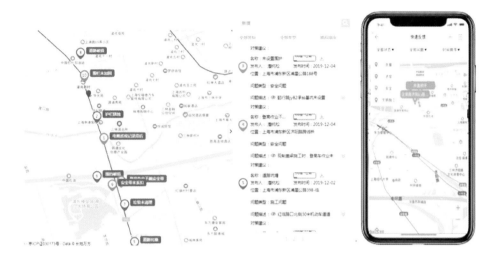

图 9　移动端问题反馈与处理

3.3　提升施工期间交通组织的安全有序性

（1）针对施工区通车道路危险的问题，采用异常智能识别，确保行车安全。

解决方案：基于智慧工地管理系统，利用视频监控技术全时段监控施工区域及两侧通车道路，重点管控场内人员不规范行为和机械作业，做到管理无死角，过程可追溯。对围挡外的交通便道进行实时监控。自主开发 AI 算法，自动识别通车道路上井盖缺失、路面障碍物、围挡倒伏、车辆占道、积水等情况，将报警信息推送给管理人员并及时处理，确保施工期间道路安全畅通。通车道路异常监控见图 10。

图 10　通车道路异常监控

（2）针对施工期间交通疏解难的问题，提前做好交通翻交方案。

解决方案：事先通过 BIM 开展交通流量分析并提前判断交通拥堵点。通过 BIM 模拟交通便道方案与标志牌设置，使道路指引更合理。在施工期间，通过视频监控并结合 AI 智能算法对主要节点进行全时段车流情况实时监控、计算各时段 pcu 数据及拥堵指数，并对突发性拥堵进行主动提示，及时疏解。基于实施数据,开展交通整体协调控制,自动调整整个区域的信号灯时间,确定每个交叉路口最合适的绿灯定时,使相邻交叉口绿灯能连续,保障车辆通过交叉口时的延时最小。

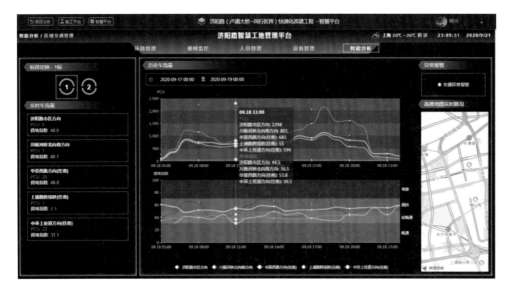

图 11　交通流量信息采集

4　方案的实际效益

城市高架建设低影响解决方案适用于城市尤其是中心城区高架建设全过程管理。该技术方案在浦东新区济阳路快速化建设等重点工程开展示范应用,已初步形成应用模式,包括实施导则、应用软件、管理流程与工程验收的闭环管理。通过该方案对城市高架建设进行全过程管理,使工程建设效果获得以下4个方面的提升:

(1) 前期工作更细致,项目推进更顺畅。结合前期分析使新建高架桥梁的方案设计最优化、合理化,减少征地成本。精确化管线搬迁方案,降低了投资,节约了工期。

(2) 改善环境,对居民提出的环境问题积极响应,通过设置多种样式结合的声屏障,改善声环境的同时也起到美化街景的作用。通过智慧工地系统优化施工环节,实现噪声扬尘实时监控、自动喷雾,取得良好效果。

(3) 实现智能监控,保障交通安全通畅。施工期间交通安全尤为重要,通过智慧手段,能够弥补巡视检查的滞后或疏忽、覆盖面不够、响应不及时等情况,为道路行车安全提供多重保障。

(4) 科学筹划交通疏解,对交通开展科学分析,优化设计方案,因地制宜开展交通疏解。用真实的数据指导交通翻交,用智慧手段为交通疏解提供保障。

(供稿人:杨海涛　杨　光　张尔海　蒋　剑　陆剑骏)

专家点评

　　该技术方案特色鲜明，思路新颖，对市政基础设施全面质量管理有一定的借鉴意义。通过对城市高架工程建设管理现状的研究，分析传统施工质量管理存在的问题，通过需求分析，提出优化改进措施。该方案可推广的价值主要有以下几点：

　　（1）方案借助以 BIM 技术为代表的多元数字技术对人、机械、材料、方法、环境进行改进，从而提升质量管理。

　　（2）构建以 BIM 为核心的建设管理平台，从数字全景工程的数据分类入手，设计了数字化管理平台构架以及主要的数字化管理业务逻辑，基本形成了一套与高架工程建设管理相匹配的软件工具、数据标准、业务流程等。

　　（3）在实际工程应用中开展落地实践，在工程前期，主要有辅助决策、信息化施工质量管理、绿色施工与改善环境、道路安全管理以及移动端应用等，大大地提高了质量管理水平，弥补了传统建设管理的缺陷。

　　（4）在数字技术的支持下，高架工程整个建设过程的管理全面性、数据完整性以及参建各方信息的沟通和共享效率都得到了提升，为城市精细化、智慧化管理理念的落地提供了理论和实践的基础。

　　建议：该技术方案如需大范围推广，仍然有两方面的关键问题亟待解决：一是以全过程管理集成，打通建造的全生命期和全产业链，开拓"平台＋服务"的工程建造新模式，推动智慧设计、智慧工地和智慧企业发展。二是配套需进一步完善，包括自主知识产权的 BIM 技术基础平台建设，进一步完善实施标准以及政策保障，企业自身也应当补齐人才短板。

基于 BIM 的双曲面异形幕墙解决方案

1 项目概况

1.1 工程概况

杭州奥体中心三馆(杭州奥体体育馆、游泳馆、综合训练馆)幕墙工程位于浙江省杭州市萧山区奥体博览城,总占地面积约 28 万 m²,幕墙面积约 30 万 m²,总建筑面积约 48 万 m²。工程结构为钢筋混凝土框架-剪力墙结构体系。

杭州奥体中心三馆是大型体育建筑综合体,项目定位"以全民健身和配套服务为主,集体育、休闲、商业、娱乐为一体的大型体育建筑综合体"。

本项目建设单位为萧山区钱江世纪城管委会,由北京市建筑设计研究院、杭州市建筑设计研究院有限公司设计,中国建筑第八工程局有限公司总承包公司为总承包单位,中建八局装饰工程有限公司为施工单位,浙江工程建设管理有限公司、浙江五洲工程项目管理有限公司为监理单位。

1.2 项目特点

(1) 项目本身属于重点工程,工艺质量要求高;
(2) 占地面积大,平面规划管理难度大;
(3) 幕墙体系种类多,施工面积大,工艺复杂;
(4) 双曲面异形幕墙造型复杂,技术难度大;
(5) 综合训练馆双层拉索幕墙,楼层高,结构复杂;
(6) 深化设计技术要求高。

2 项目 BIM 组织架构

项目 BIM 组织架构如图 1 所示。

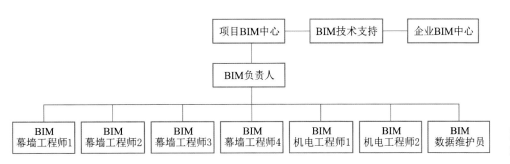

图1　BIM 组织架构

3　BIM 软件

项目涉及的 BIM 软件如表 1 所示。

表 1　　　　　　　　　　BIM 软件应用环境

软件名称	厂商	版本	功能
SketchUp Pro	AUTODESK	2017	临时建筑现场布置模型、方案模型
Autodesk Revit 3D Studio max	AUTODESK	2018	装饰装修及二次机电专业模型深化、出图
Rhino	ROBERT MCNEEL & ASSOC	5.0 以上	
Navisworks Manage	AUTODESK	2017	多专业模型整合、碰撞检测
Synchro	SYNCHRO	6.0	施工进度模拟
Fuzor	筑云科技	2017	协同模型查阅、建筑功能性模拟、VR设计优化
Lumion 3D	ACT-3D	2017	漫游动画演示、景观方案模拟
EBIM 云平台/鲁班 BIM 平台	鲁班软件	V4.1.2	协同管理、建筑过程信息整合
Autodesk CAD	AUTODESK	2017	深化设计图纸查阅
Ms-project 梦龙	广联达	2013	编制进度计划
Microsoft office	微软	2016	编制 word 文档
Lubansoft Grandsoft	鲁班软件	2017	成本测算
兴安得力	广联达	2017	成本测算

4　项目应用介绍

4.1　BIM 应用目标

（1）实现项目方案可视化，利用 BIM 模型的可模拟性，对复杂施工技术方案、节点、施工工序进行模拟，进行可视化交底，提高施工技术、安全、质量、进度管理能力。

（2）强化创效导向，利用 BIM 技术进行各专业深化设计及管线综合，形成全专业深化设计 BIM 模型并进行综合协调检查,提高深化设计工作的质量和效率,减少设计问题对施工的影响。

(3) BIM 5D 管理,将 BIM 模型与施工现场管理紧密结合,实现基于 BIM 的进度、成本管理,提高管理水平和现场协调能力。

(4) 利用 BIM 模型结合测量机器人、三维激光扫描仪、无人机倾斜摄影等技术解决本项目难题,如测量定位、幕墙施工下料等,并利用 BIM 模型结合 C8BIM 平台进行质量过程控制。

4.2 项目应用点及成果展示

应用阶段及应用项如表 2 所示。

表 2   应用阶段及应用项

序号	应用阶段		应用项
1	设计阶段	施工图设计	各专业模型搭建
2			碰撞检测及三维管线综合
3			净高分析
4			方案优化
5	施工阶段	施工准备	施工深化设计
6			施工场地规划
7			施工方案模拟
8			参数化下料
9		施工实施	指导现场施工
10			三维扫描技术
11			C8BIM 平台应用
12			技术交底

4.2.1 设计阶段 BIM 应用亮点

(1) 两馆中央大厅双曲面异形幕墙造型为漏斗状,其造型复杂多变,在不违背设计师初衷的情况下,为保证设计方案能够真正落地施工,应用 BIM 软件对概念方案进行了多次对比和优化,最终与设计师进行沟通协商并确认了方案(图 2)。

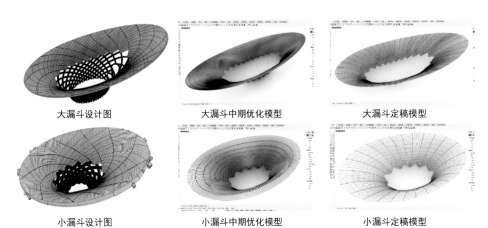

大漏斗设计图　　　　　大漏斗中期优化模型　　　　　大漏斗定稿模型

小漏斗设计图　　　　　小漏斗中期优化模型　　　　　小漏斗定稿模型

图 2　幕墙方案模型

（2）通过 BIM 软件进行装饰构建曲率优化分析和可视化编程，找出翘曲度过大的地方，进行优化设计。幕墙曲率优化见图 3。

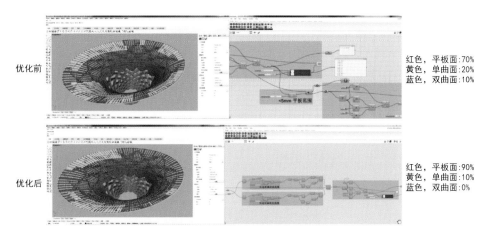

优化前   红色，平板面:70%
黄色，单曲面:20%
蓝色，双曲面:10%

优化后   红色，平板面:90%
黄色，单曲面:10%
蓝色，双曲面:0%

图 3　幕墙曲率优化

（3）把 BIM 模型导入结构计算软件中，通过结构软件计算与分析所需要采用的钢材型号和规格尺寸。幕墙结构计算见图 4。

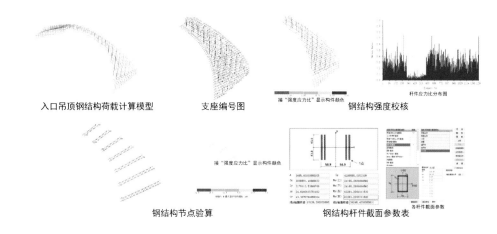

入口吊顶钢结构荷载计算模型　　支座编号图　　钢结构强度校核

钢结构节点验算　　钢结构杆件截面参数表

图 4　幕墙结构计算

4.2.2　施工阶段 BIM 应用亮点

1. 深化设计

（1）外装饰铝板面深化。由于钢结构提出的中线反映到外层大面上的曲线并不流畅，所以需要将投影的分隔曲线进行优化调整至视觉顺畅，同时需对应至背面钢结构面的中心。本阶段需要在参数化 Grasshopper 软件里进行参数化处理，最终完成整个双曲面分隔的设计。外装饰铝板面深化见图 5。

（2）内装饰面铝板及龙骨深化。本阶段主要利用参数化软件 Grasshopper 构建模型，极大地提高了工作效率。内装饰面铝板及龙骨深化见图 6。

（3）进一步优化次钢结构龙骨。根据造型生成的龙骨基本上都是扭曲的，是没有规律走向的，这样会导致厂家无法制作。因此对龙骨需要进一步优化。

采用两种方式进行优化：弦高大于 20 mm 的，用固定圆弧方式生成弯弧管（浅蓝色）；弦高小于 20 mm 的，直接以直管作为龙骨（紫色）。次钢结构龙骨深化见图 7。

提取钢构中线，修改优化制作外层铝板饰面主分隔线　　　　　根据主分割线对整体进行细分

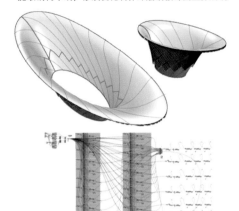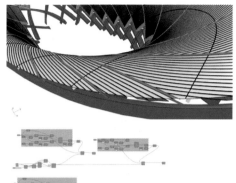

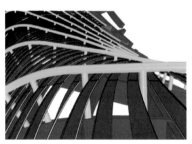

图 5　外装饰铝板面深化

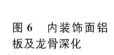

（a）由外层完成面反推建立内层饰面　　　（b）根据内层饰面反向建立钢结构龙骨层

图 6　内装饰面铝板及龙骨深化

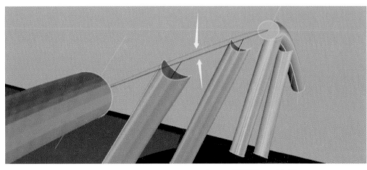

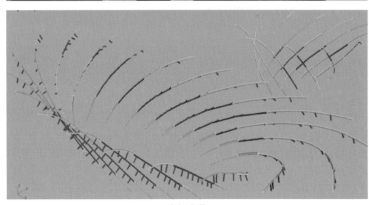

次钢龙骨

图 7　次钢结构龙骨深化

184

(4) 进一步优化铝板面材。所有曲面板均为双曲板,在此基础上对其进行优化:将所有拱高小于 15 mm 的铝板均转变为平板造型。考虑到铝板变形有一定难度,与厂家沟通后,将翘曲值定为 15 mm,即在安装时变形度在 15 mm 范围内的平铝板可以保证压到原始位置。铝板面材优化见图 8。

图 8 铝板面材优化

2. 参数化下料

(1) 通过 BIM 模型的优化设计,对标准方通与非标准方通进行工程量统计。方通工程量统计见表 3 和图 9。

表 3 杭州三馆中部连接大小漏斗铝方通统计

漏斗规格		标准铝方通（1 m 标准长）		非标准铝方通		铝方通		备注
		总长度/m	数量/块	总长度/m	数量/块	总长度/m	数量/块	
130 mm 规格	大漏斗	3 559	3 559	562.05	696	4 121.05	4 255	
	小漏斗	1 166	1 166	224	284	1 390.01	1 450	
	总计	4 725	4 725	786.05	980	5 511.06	5 705	—
150 mm 规格	大漏斗	1 798	1 798	240.97	350	2 038.97	2 148	
	小漏斗	655	655	110.28	174	765.28	829	
	总计	2 453	2 453	351.25	524	2 804.25	2 977	

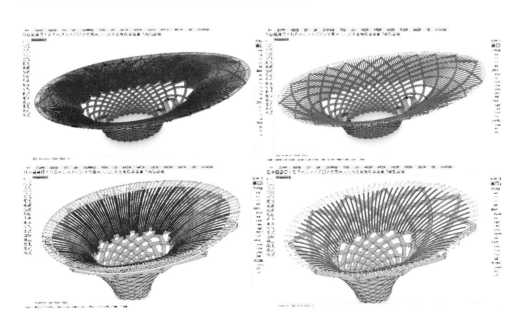

图 9 方通工程量统计

（2）根据最终确认的方案模型，绘制构件加工图纸，利用 Grasshopper，对于同类型构件实现参数化下料，并且为项目部施工提供定位点坐标。下料图纸导出见图 10。

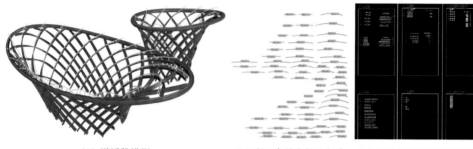

(a) 样板段模型　　　　(b) 利用参数化提取每个　　(c) 导入 CAD 制作下料图纸
　　　　　　　　　　　　钢结构龙骨并排列（部分）

图 10　下料图纸导出

（3）根据深化施工 BIM 模型导出深化施工图，指导现场施工，提高施工质量和效率。中央大厅幕墙大漏斗 BIM 模型见图 11，中央大厅幕墙大漏斗 CAD 施工图见图 12。

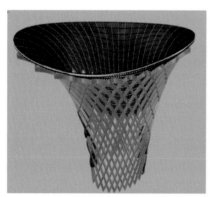
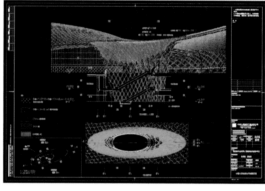

图 11　中央大厅幕墙大漏斗 BIM 模型

图 12　中央大厅幕墙大漏斗 CAD 施工图

5　指导现场施工

（1）幕墙埋件坐标提取

本项目为异型项目，施工放线难度大，无法采用传统轴线来放样，须利用 BIM 技术将每个埋件坐标点提取出来。幕墙埋件坐标见图 13。

（2）生成安装定位点

通过提取 BIM 模型中的装饰构件中心点，使用参数化软件自动生成构件安装定位点，指导现场形状复杂的构件定位安装（图 14）。

（3）三维激光扫描辅助下料

把逆向建模的钢结构模型，导入原 BIM 模型中进行拟合，检查现场钢结构与 BIM 模型的偏差，并及时纠正误差。钢结构偏差分析见图 15。

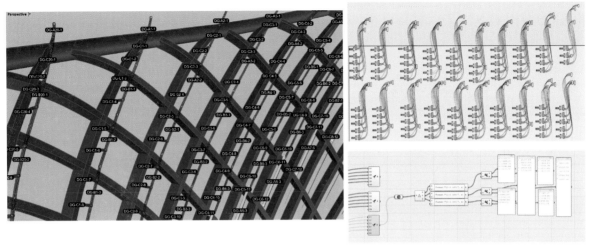

图 13 幕墙埋件坐标提取

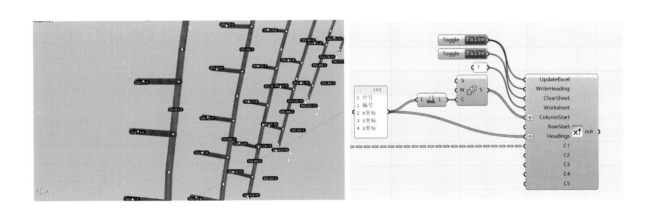

大漏斗 主龙骨两端点定位坐标

序号	编号	X1坐标（mm）	Y1坐标（mm）	Z1坐标（mm）	X2坐标（mm）	Y2坐标（mm）	Z2坐标（mm）	备注
1	DG-A1-1	-11328.122	-391650.827	15509.109	-13028.14	-394371.54	13877.671	大漏斗主龙DG-1
2	DG-B1-1	-13024.151	-394367.534	13882.597	-13932.194	-395245.778	12278.001	大漏斗主龙DG-1
3	DG-B1-2	-14544.093	-395822.319	12285.229	-15298.79	-396570.279	10754.532	大漏斗主龙DG-1
4	DG-B1-3	-15295.544	-396566.618	10760.206	-16121.87	-397567.76	9180.543	大漏斗主龙DG-1
5	DG-B1-4	-16119.307	-397564.06	9186.532	-16739.535	-398552.946	7565.77	大漏斗主龙DG-1
6	DG-C1-1	-12311.906	-392614.979	14387.752	-12051.245	-393100.506	14960.187	大漏斗主龙DG-1/支托
7	DG-C1-2	-13007.429	-393330.816	13898.941	-12679.294	-393987.919	14299.039	大漏斗主龙DG-1/支托
8	DG-C1-3	-13636.785	-393968.239	13311.245	-13289.296	-394632.607	13561.439	大漏斗主龙DG-1/支托
9	DG-C1-4	-14283.892	-394603.628	12557.938	-13932.194	-395245.778	12737.315	大漏斗主龙DG-1/支托
10	DG-C1-5	-14910.351	-395223.123	11717.972	-14544.093	-395822.319	11871.611	大漏斗主龙DG-1/支托
11	DG-C1-6	-15353.976	-395683.978	11080.005	-14986.372	-396260.388	11217.475	大漏斗主龙DG-1/支托
12	DG-C1-7	-15886.372	-396281.024	10237.944	-15498.901	-396812.647	10372.121	大漏斗主龙DG-1/支托
13	DG-C1-8	-16258.917	-396744.742	9559.227	-15863.549	-397254.295	9675.283	大漏斗主龙DG-1/支托
14	DG-C1-9	-16667.23	-397317.162	8690.351	-16259.379	-397787.089	8821.051	大漏斗主龙DG-1/支托
15	DG-C1-10	-16960.174	-397781.547	7968.04	-16540.916	-398236.145	8085.024	大漏斗主龙DG-1/支托
1	DG-A2-1	-5730.144	-389404.43	15565.68	-7055.449	-390992.845	-7055.449	大漏斗主龙DG-2
2	DG-A2-2	-7055.449	-390992.845	13712.929	-8702.088	-392465.064	-8702.088	大漏斗主龙DG-2
3	DG-B1-1	-8697.214	-392461.445	11769.728	-10639.795	-393818.742	-10639.795	大漏斗主龙DG-2
4	DG-B1-2	-10633.758	-393814.668	10090.303	-12087.701	-394843.585	-12087.701	大漏斗主龙DG-2
5	DG-B1-3	-12083.58	-394840.423	8500.335	-13226.018	-395755.461	-13226.018	大漏斗主龙DG-2
6	DG-B1-4	-13222.392	-395752.271	-13222.392	-14140.145	-396600.569	-14140.145	大漏斗主龙DG-2
7	DG-C2-1	-7220.343	-390521.284	14398.529	-7055.449	-390992.845	14950.732	大漏斗主龙DG-2/支托
8	DG-C2-2	-8510.787	-391487.202	13733.079	-8271.655	-392130.059	14080.784	大漏斗主龙DG-2/支托
9	DG-C2-3	-9369.644	-392093.25	13131.1	-9092.176	-392754.049	13349.251	大漏斗主龙DG-2/支托
10	DG-C2-4	-10524.697	-392899.433	12053.273	-10240.474	-393556.981	12197.976	大漏斗主龙DG-2/支托
11	DG-C2-5	-11301.513	-393441.72	11233.434	-10994.468	-394069.723	11352.001	大漏斗主龙DG-2/支托
12	DG-C2-6	-12023.746	-393958.132	10424.355	-11706.78	-394573.784	10526.813	大漏斗主龙DG-2/支托

图 14 大漏斗定位编号及出图

(a) 漏斗区域点云模型拟合　　　(b) 点云模型与钢结构 BIM 模型对比

(c) 现场钢梁与原 BIM 模型钢梁偏差分析　　(d) 现场钢梁与原 BIM 模型钢梁偏差分析细部图

图 15　钢结构偏差分析

　　根据三维扫描技术逆向建模纠偏后生成的 BIM 模型进行精准放样,进一步调整原始幕墙 BIM 模型。幕墙模型调整见图 16。

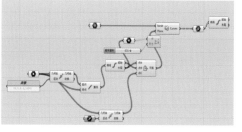

利用 Rhino 软件切出每根主柱位置的剖面,并给每个剖面编号

图 16　幕墙模型调整

　　通过调整后的 BIM 模型,提取幕墙数据,并导出下料单,给厂家进行生产加工(图 17)。

6　总结与展望

　　杭州奥体中心三馆,作为 2022 年举办亚运会的主场馆,工程品质要求极高,工艺复杂,技术难度大且工期紧张。BIM 这一数字化技术为各方搭建起数字化的沟通平台,通过 BIM 项目管理及 BIM 应用双重作用,将 BIM 逐渐深入到项目管理的各个方面,为整个项目生命周期提供服务。

　　将常规的 BIM 应用做精做细,利用 BIM 技术细分各类幕墙系统,出具节点大样模型并形成族库,便于今后类似工程的使用。

　　BIM 技术与设计管理联动,做到设计技术创效,准确贯彻设计理念,圆满实现外观设计效果。对双曲面异形幕墙系统创造性地进行逆向建模、曲率分析,优化

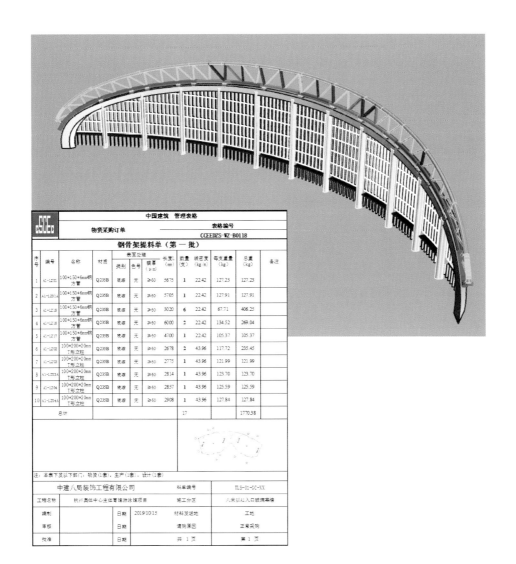

图 17 调整后的 BIM 模型及导出的下料单

幕墙板块,并最终指导加工。

利用三维激光扫描技术结合测量机器人,对现场已完成的钢结构进行扫描,并与理论模型核对,发现施工偏差,做到在施工前纠偏,提前发现问题,协助项目部对外立面效果、性能、质量等进行管控。

利用 BIM 模型结合 C8BIM 平台进行质量过程控制。三大平台联动工作,创新使用 Revit,Rhino,Digital Project。

BIM 与数字化技术的成功应用,代表了国内建筑业的设计与建造方式的新趋势。

（供稿人:郁义军 周肖飞 卢 昕 李宏江 俞 露）

专家点评

杭州奥体中心三馆项目是2022年亚运会的主场馆，它将是具有国际知名度的现代化场馆，杭州市新的形象窗口。所以对工期、品质、技术、工艺、造型都有非常严格的要求，这大大提高了工程难度。

该项目的幕墙 BIM 应用的特点如下：

（1）实施指导性强。将 BIM 技术与三维扫描结合，解决了现场安装定位困难的问题。对现场已完成的钢结构进行扫描，与理论模型核对，发现施工偏差，做到在施工前纠偏。

（2）创新性强。打破传统，创新运用参数化软件 Grasshopper 软件进行参数化建模以及优化设计，实现参数化下料。

（3）为项目节约时间和成本。对于双曲板，所有建模、安装定位、导出数据手工操作难度极大且出错率较高，以上所有工作运用 BIM 软件进行参数化处理，优化了工作流程，提高了工作效率，为项目节约了时间和成本。

建议：利用 BIM 技术细分各类幕墙系统，出具节点大样模型并形成族库，便于今后类似工程的使用。该项目的成果运用打破了传统，为今后类似的双曲面幕墙项目提供了新思路，有利于 BIM 在造型复杂项目上的推广。

基于 BIM 的交通基础设施安全监测管理平台

1 项目概况

1.1 项目背景

基础设施在我国经济发展过程中发挥了重要的作用,其中城市交通基础设施(道路、桥梁、隧道)是城市基本通行能力的重要保障。城市交通基础设施正在经历从大规模的新建到大量既有基础设施管理维护的转变。交通基础设施在投入运营后,由于设施材料自然老化、功能退化,持续超负荷交通流量加压,加上突发性的极端自然灾害,如地震、强台风的影响,其运营安全时刻受到挑战。

截至 2019 年年底,我国仅公路桥梁数量就已达到 86 万座,40% 在役桥梁服役年限超过 20 年(图 1、图 2)。对于如此大体量的在役桥梁、隧道、道路交通基础

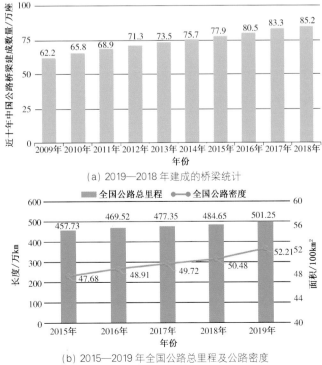

(a) 2019—2018 年建成的桥梁统计

(b) 2015—2019 年全国公路总里程及公路密度

图 1 我国桥梁、道路设施水平

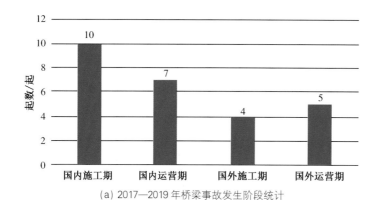

(a) 2017—2019 年桥梁事故发生阶段统计

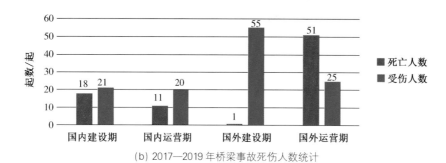

(b) 2017—2019 年桥梁事故死伤人数统计

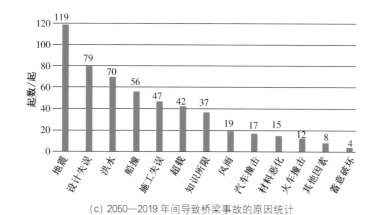

(c) 2050—2019 年间导致桥梁事故的原因统计

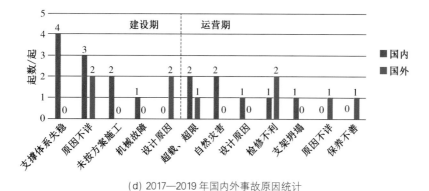

(d) 2017—2019 年国内外事故原因统计

图 2　桥梁事故情况

设施,如何准确并高效地获取现场数据,对交通基础设施技术状况作出合理评估,并确保相关干系方之间数据的高效协同,是目前交通运维管理领域面临的重大挑战。各种事故数据显示,桥梁、隧道、道路运维已经进入高维修高风险阶段,传统的管养模式已无法满足现代精细化管理的需求。因此,本项目旨在研发基于 BIM 技术的交通基础设施安全监测管理平台,提高交通基础设施安全运维管理数字化、可视化及智能化水平。

1.2 项目特点

交通基础设施传统安全运维手段具有以下 6 方面的特点:

(1) 问题突出。随着社会经济水平的不断发展,城市公共安全意识提高,桥梁、隧道、道路运营安全问题突出。桥梁、隧道、道路等交通基础设施一旦发生事故,将会中断交通,甚至造成人员伤亡,给人们生产生活带来巨大影响。

(2) 信息缺失。既有桥梁、隧道、道路档案大量缺失,信息完整性、延续性差。

(3) 协作困难。项目运营管养单位众多,各单位之间缺乏协作与信息共享,信息被人为割裂和碎片化严重。

(4) 存在信息孤岛。既有 MIS 信息系统相对独立,无法进行可视化的数据共享,导致信息传递滞后。

(5) 问题追溯困难。设施运营维护与工程设计施工相对独立,信息跨部门沟通慢,问题追溯困难。

(6) 信息滞后。安全监测信息获取不及时,病害养护位置及风险报警点查找不便利,工作效率慢。

BIM 技术在设计与施工阶段都得到了大量的尝试和推广,但是在运维阶段的应用正处于起步阶段。随着数字中国、数字新基建、建筑工业化协同发展等概念的提出和发展,BIM 技术、5G 物联网技术、无人机倾斜摄影技术、AI 智能识别技术、大数据分析技术与云计算等新兴技术的应用,必将在新一轮的传统产业升级过程中具有举足轻重的作用,也给这条城市生命线的安全监测与运维管理带来了新的机遇与生命延续。

综上所述,针对既有基础设施不同结构特点和使用目的,基于 BIM 技术和倾斜摄影技术等,打造交通基础设施的全息数字底座,搭建一个与真实世界完全一致的数字孪生世界,全面连接与交通基础设施运行安全密切相关的多源异构信息,实现在不同相关干系方之间的数据智能决策和网络协同是非常必要的。通过桥梁、隧道、道路等交通基础设施与主要病害、物联网关键指标之间进行互联互动,实现设施运营安全风险的精准识别、及时预警和有效管理。

2 平台应用特点及技术功能亮点

基于 BIM 的交通基础设施安全监测管理平台具有三大平台应用特点和五大技术功能亮点。平台将物联网、BIM、无人机等技术与传统作业模式相结合,建立可视化、标准化、可分析、可预测、可管理的动态解决方案,保障城市交通基础设施的运行安全。

2.1 平台应用特点

(1) 市级项目统一管理(以上海为例)。将全市所有桥梁、隧道、道路数据在一个平台进行统一、有序管理,并能按照管理职能分区,助力网格化安全运营监管。图3为实现市级项目统一管理的安全监测平台。

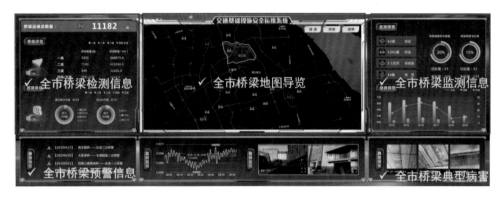

图3 实现市级项目统一管理的安全监测平台

(2) 现有数据价值延长。平台利用现有设计与施工阶段BIM数据,对基础设施进行运营阶段安全运行维护,延伸BIM数据使用价值。将采用BIM技术的基础设施的建筑信息模型导入到平台,实现一次建模,多次使用,充分发挥现有BIM数据在运维阶段的服务价值。图4为桥梁BIM模型示例,图5为近3年BIM项目数量。

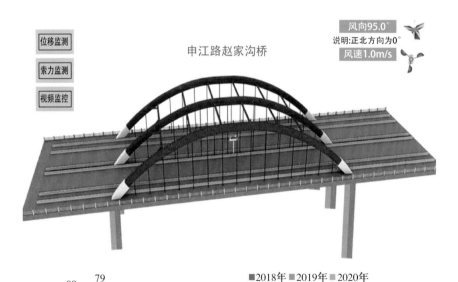

图4 桥梁BIM模型示例

图5 近3年BIM项目数量

(3) 桥梁、隧道、道路数字孪生。充分利用桥梁、隧道及道路的物理模型,结合实时更新的传感器数据及历史记录数据,集成多学科、多物理量、多尺度、多概率的三维仿真,在虚拟空间中完成映射,从而反映路桥隧的全生命周期过程。图6为桥梁倾斜摄影与BIM物理模型。三维模型与真实的状态同步,可根据现状和历史数据,指导养护管理和预判管理问题。桥梁、隧道及道路的数字孪生,也是城市数字孪生底座的一部分,今后数据可共享沿用。

图 6 数字孪生示意图

(a) 桥梁倾斜摄影　　　　　　　　　　(b) 与BIM物理模型

2.2 技术功能亮点

(1) 多源大数据融合。平台融合了BIM、倾斜摄影、激光点云、全景、物联监测、业务管理等多源数据,为设施技术状况的安全评估和健康运行监测提供全面基础和依据。图7为融合多源数据的平台。

(2) BIM数据轻量化。对BIM数据进行多层级多技术优化,提高平台BIM模型兼容性、运行高效性与稳定性。BIM模型优化主要分为以下几个步骤:

步骤一:模型无损算法优化。利用算法对复杂模型进行无损优化,优化后模型压缩至原来的十分之一。

步骤二:模型数据存储优化。在优化后的模型基础上再次进行数据压缩,极大提高模型的传输速度。

步骤三:模型预处理。数据采用预处理并结合缓存技术,减少平台提取、显示数据的时间。

步骤四:格式兼容性。支持多格式数据、多软件导出插件。

图8为BIM模型优化效果,模型优化前的原始面数为3 048个,模型优化后的面数为328个,优化后模型文件大小为未优化的11%,降低了模型加载运算需求,提高了平台运行效率。图9为振旗BIM数据导出插件,利用该插件可在对模型进行优化后,导出多种格式数据。

(3) 数据可视化归档。在三维可视化数据底座的基础上,实现基于WEB端的病害数据录入、编辑和评价,使原始纸质二维检测结果,转化为三维可视化数据宫殿,使设施运维保养过程中的结构化与非结构化数据能在可视化数据底座上进行统一、全面、直观展示,提高数据的集约化管理水平。图10为平台对桥梁实时及历史监测数据、病害检测图片、病害历史检测数据进行可视化归档。

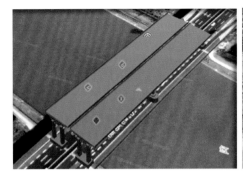
(a) BIM 数据

(b) 倾斜摄影数据

(c) 激光点云数据

(d) 全景数据

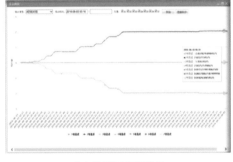
(e) 物联网监测数据

(f) 业务数据

图7 融合多源数据的平台

(a) 优化前:3 048 个面

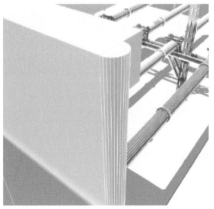
(b) 优化后:328 个面

图8 模型优化效果

图 9 振旗 BIM 数据导出插件

图 10 数据可视化归档

(4) 监测与病害信息快速定位。基于上述三维孪生模型底座，实现桥梁病害及监测数据点的可视化管理，帮助现场运维检测人员进行快速定位，协助专家对桥梁技术状况进行快速评估，提高运维检测效率。图 11 为平台实现了监测与病害信息的快速定位。

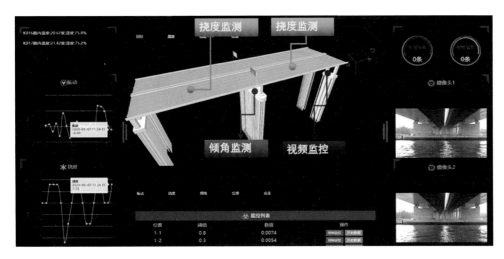

图 11 监测与病害信息快速定位

(5) 安全监测实时预警。基于孪生模型，通过 5G 物联网技术，对接实时监测

图 12　设施安全监
测实时预警实施

数据,结合检测数据,实现异常数据实时预警,便于风险预控。图 12 为设施安全
监测实时预警实施过程,基于桥梁检测历史病害信息与技术状况评分结果,结合
桥梁设计、施工数据及运行安全实时监测数据自动对设施安全预警阈值进行分
等级设置,根据不同预警等级,采取相应预警措施。

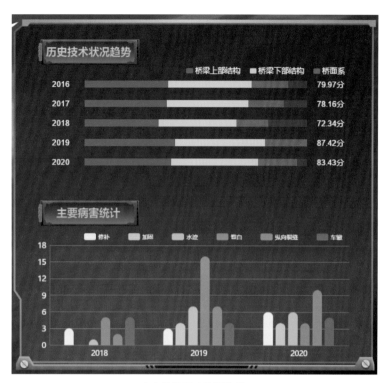

(a) 设施历史检测数据

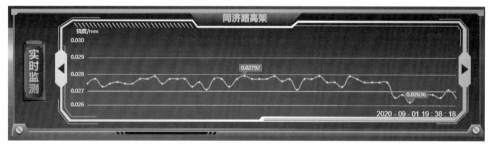

(b) 设施实时监测数据

图 12　设施安全监
测实时预警实施

(c) 设施异常预警

3 平台应用价值

在人工安全检测领域,传统的作业模式是内业和外业在空间上相互分离,数据采集和数据分析在时间上相对独立,严重影响项目实施效率和安全评价效果。通过我们的工作,基于 BIM 平台,我们可以实现基于 WEB 端的设施病害录入、编辑、评价和分析一条龙服务,以可视化的交互方式、智能化的数据决策和高效的网络协同,变革传统的检测评估模式和成果展示效果。

在物联网在线监测领域,基于日趋成熟的泛在感知技术,可以实时感知那些肉眼不可见的健康指标——交通基础设施的"血压"和"心跳",让物联网成为人们的"神经"和"眼睛"。通过努力,基于统一的 BIM 平台,实现了传统的管养手段和健康监测系统的无缝对接,解决了非结构化信息和结构化信息自动导入和统一管理,实现了"BIM+"在工程中的应用。

运用这些技术和方法,获取非常全面的路桥隧健康运行时空数据。利用这些数据将能做出更科学的技术分析、风险预警与事故研判。

基于 BIM 的交通基础设施安全监测管理平台,集成了道路、桥梁、隧道的 BIM 模型、倾斜摄影模型、3ds MAX 模型、全景模型、GIS 正射影像数据等信息,搭建了一个与真实世界完全一致的城市道路、桥梁、隧道的数字孪生世界。在这个世界里,模型承载了工程设计、施工、运维过程的全部信息,便于信息溯源,是可视化的档案库,可确保数据的完整性和延续性,解决了传统的图纸缺失、各部门信息不一致等诸多问题。它可以实现基础设施三维呈现,所见即所得,关键监测信息和主要病害直观展示,有助于管理人员快速进行查询和定位,大大降低传统管养模式中对作业人员的技术要求。

例如,平台已经完成了全上海市 1 万多座桥梁,18 座隧道,1 万多公里道路,2 万多个传感器的安全监测和病害检测数据的建库,完成了百余个路桥倾斜摄影数据和部分 BIM 模型数据的融合,并对路桥隧的监测状态、监测预警信息、结构信息、基本运营信息、关联单位信息、管养指标、历史技术评价指标、病害信息、实时倾角信息等进行了统计分析,对路桥隧设施和主要病害、关键指标进行互联互动,实现设施运营安全风险的精准识别、及时预警和有效管理。

4 项目未来发展目标

4.1 短期发展目标

根据发达国家的经验,交通基础设施建设必然经历一个由大规模设施新建到大量既有设施的保养维护的转变过程。如何将有限的管养资源合理配置,实现设施安全性和经济性之间的最佳平衡,是现代城市管理面临的另一个挑战。

短期,我们的平台在现有路桥隧基础设施数据的基础上不断整合其他附属设施,如智能井盖、智慧灯杆等相关管养数据,真正实现城市交通基础设施安全运维的全方位互联互动,24小时不间断服务,为城市的公共安全保驾护航。

4.2　长期发展目标

未来,项目将实现以下四个方面的内容:

(1) 建立数据中心,包括全要素基础设施、涵盖建养全生命周期、汇集静动态数据;

(2) 实现智慧管养,实现数字化管理、信息化交互、智慧化决策;

(3) 服务行业管理,为路域经济发展、路网协调规划、安全应急指挥等提供成套服务支持;

(4) 提供数据支持,为智慧公路、车路协同、自动驾驶等交通行业新基建热点内容提供需要的数据资源。

(供稿人:吴华勇　陈　成　王　枫　邢　云　周子杰)

专家点评

基于BIM的既有基础设施智慧安全运维管理平台面向城市道路桥隧等交通基础设施,基于BIM搭建一个与真实世界完全一致的数字孪生世界,整合设计、施工、运维全过程多源异构信息,实现不同相关干系方的数据网络协同和智能决策。通过基础设施和主要病害、物联网关键指标互联互动,实现运营安全风险的精准识别、及时预警和有效管理。平台融合了BIM、倾斜摄影、激光点云、全景、物联监测、业务管理等多源数据,实现了基于Web端的病害录入、编辑、评价和展示,使原始二维检测结果,转化为三维可视化数据宫殿。平台实现实时监测数据与检测数据高效协同,实现BIM+。

建议:城市基础设施范围广、类型多。希望该平台未来在现有路桥隧基础设施数据的基础上不断整合其他附属设施,如隧道、智能井盖、智慧灯杆等相关管养数据,真正实现城市交通基础设施安全运维的全方位互联互动。同时,通过数据积累与算法提升,提高平台辅助决策与智能化水平,为城市基础设施公共安全保驾护航。

基于 BIM 的医疗建筑建造运维一体化解决方案

1 解决方案综述

基于 BIM 的医疗建筑建造运维一体化解决方案(以下简称"解决方案")以大型医疗建筑为研究对象,针对建造和运维阶段对 BIM 模型应用需求相差较大、结构化 BIM 模型与海量异构运维系统动态信息集成困难、被动的应急管理运维模式等难点,打通建设与运营阶段信息断层,实现跨阶段 BIM 转换,融合 BIM 和运维信息系统,建立建筑全生命期大数据,形成可视化、主动式、智慧运维管理模式。通过大数据分析实现故障预测和主动式维保,达到减少突发故障,提高运营安全性和稳定性的目标,并为大型医疗建筑节能减排和绿色运营提供决策支持,全面提升医疗建筑管理信息化、精细化水平。

2 解决方案的目标

(1) 以运维为导向构建模型,并进行施工图审核及优化、三维深化设计、模型综合协调及碰撞检查、重点施工工艺模拟的 BIM 应用。研究医疗建筑工程竣工模型的交付标准,建立满足医疗建筑运维管理需求的建模规则、建筑空间及设施设备分类体系和编码标准,梳理空间、资产、设施设备、人员的属性信息和组织结构,为智慧运维提供数据基础。

(2) 突破 BIM 模型向运维 BIM 模型转化的关键技术,包括机电系统逻辑结构自动生成、几何模型轻量化等关键技术。结合物联网技术,研究基于 BIM 集成建筑监测数据、空间分配信息、设备维护维修信息和视频监控等信息的方法,形成建筑全生命期大数据。

(3) 在上海市东方医院、新华医院、平湖医院项目进行运维阶段应用。开发基于 BIM 的医疗建筑智慧运维管理系统,涵盖包括建筑信息管理、空间管理、机电设备智能监测、视频安防管理、综合分析与决策支持、系统管理等模块功能。应用路线参见图 1。

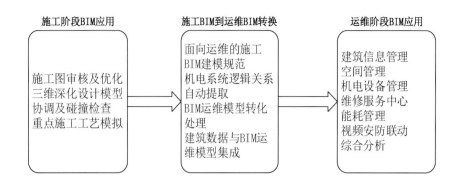

施工阶段BIM应用　施工BIM到运维BIM转换　运维阶段BIM应用

施工阶段BIM应用	施工BIM到运维BIM转换	运维阶段BIM应用
施工图审核及优化 三维深化设计模型 协调及碰撞检查 重点施工工艺模拟	面向运维的施工 BIM建模规范 机电系统逻辑关系 自动提取 BIM运维模型转化 处理 建筑数据与BIM运 维模型集成	建筑信息管理 空间管理 机电设备管理 维修服务中心 能耗管理 视频安防联动 综合分析

图 1　解决方案技术应用路线

3　解决方案的成果与特色

3.1　面向运维阶段的 BIM 模型创建

由于施工和运维对 BIM 的需求存在差异,创建面向运维阶段的 BIM 模型除了考虑施工 BIM 应用需求,还需要考虑运维阶段的需求,包括模型组织结构、重要设备模型精细度、运维信息的完整性、系统运行逻辑结构等。通过建立面向运维阶段的 BIM 建模标准,约定竣工模型文件的拆分及命名方式、各个专业的建模内容、空间及设备编码要求、信息录入要求等,在施工 BIM 建模过程中收集完整的施工阶段信息,确保机电系统管路完全联通,使管道内的介质流向准确、完整且与现场情况一致。对于重要的机电设备,需要建立设备精细模型,描述设备的内部结构和传感器点位,如图 2 所示。此外,通过融合 BIM 和虚拟现实技术完成了医院办公室、病房层的装修深化设计,通过虚拟装修场景直观反映室内装修装饰方案和施工阶段的信息,帮助业主提高设计沟通效率,如图 3 所示。

相较于传统的 BIM 应用,面向运维的 BIM 模型创建可提供结构和信息记录更精细的设备模型,有利于后期运维过程中直接应用 BIM 模型实现设备重要点位实时监测数据的有效集成,有利于故障的快速定位和处理、问题溯源等功能的开发,使基于 BIM 的运维平台研发更贴合实际管理需求。

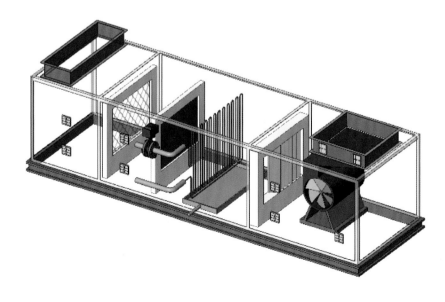

图 2　重点设备精细模型

图 3 基于 BIM 和 VR 的病房层装修深化设计效果

3.2 施工 BIM 向运维 BIM 的跨阶段模型转化

医疗建筑建造和运维阶段对 BIM 模型应用需求存在较大的差距,譬如,建造阶段更多使用 BIM 中设备的外轮廓来判断安装过程是否会有碰撞检测,而运维阶段则需要使用机电系统的逻辑关系进行溯源管理,针对重要设备的内部构造维修保养培训,掌握零部件健康状态等。在本解决方案实践过程中,针对跨阶段 BIM 模型转换的若干关键问题提出了对应的解决方法。

1. 利用自动化审查工具检查 BIM 模型

人工检查 BIM 模型几何数据和校验 BIM 信息质量难度大,反复修改成本极高,而且准确性难以保证,已有的方法和工具尚不能实现对机电系统 BIM 模型质量的自动审查。本解决方案基于 Revit 开发了竣工模型自动化检查工具,包含自动审查 BIM 信息中空间信息、空间几何完整性、机电设备属性信息、机电设备连接关系等运维阶段关键要素,确保了竣工模型的几何完整性、信息准确性和关系联通性。各专业施工 BIM 团队都需获得审查通过报告后方可将 BIM 模型交付给运维开发团队。模型自动化审查见图 4。

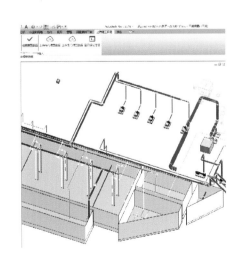
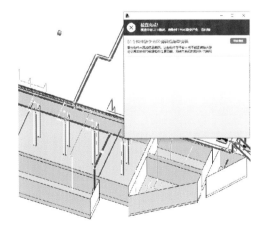

图 4 基于 Revit 模型自动化审查工具

2. 提取竣工 BIM 建筑信息

通过竣工 BIM 模型提取建筑内管道的管径尺寸、建筑荷载信息、防火墙与承重墙分布信息、设备空间位置等,建立重点机电设备与安防摄像头、报警探头等弱电设备的空间位置关联,可在后期建筑装修改造时快速检索信息,或者故障发生时通过多系统联动实现快速故障处置。本解决方案通过引入图论的方法,实现了建筑机电设备逻辑连接关系的自动提取,如图5所示。

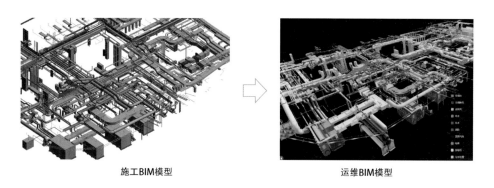

施工BIM模型　　　　　　　　　　　　　运维BIM模型

图 5　机电设备逻辑连接关系提取结果

3. BIM 模型轻量化处理

为解决竣工 BIM 模型构件数量多、全专业集成渲染难度高等问题。第一,对同一类型的机电设备实例化,只保留该设备类型的一份几何数据,通过渲染管线中的几何变换和数据库中传感器与精细模型的关联得到运维平台多个设备不同状态展示,如图6所示;第二,合并运维阶段不需要单独管理面片数量较多的构件,减少构件数量;第三,采用 LOD 分层次渲染策略,当机电系统靠近相机视点时,选用高精度的几何模型进行渲染,反之,则降低几何精度减少三角面片数量,保证渲染体验。

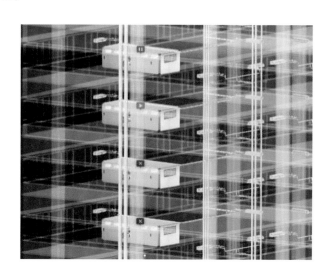

图 6　空调机箱实例化

通常情况下,大多数施工 BIM 模型的几何完整性和准确性低,信息质量参差不齐,严重影响了运维阶段的模型复用和信息提取。通过本解决方案跨阶段模型转化流程的引入,有助于保证施工 BIM 质量,确保跨阶段 BIM 转换的成功;而且传统应用中通常不包含机电系统逻辑关系的标记和提取,本解决方案的突破为运维管理中的故障溯源应用提供了基础;模型轻量化相比于以往的做法,能够显示更多的机电设备内部细节,而且不影响渲染效果和操作体验,为运维功能落地提供了保证。

3.3 跨系统的海量异构建筑运维信息集成

本解决方案提出了运维 BIM 与监测数据的多层次关联方法,解决了 BIM 与楼层、机电系统、机电设备、设备配件等不同层次构件关联的问题;提出了一种基于结构化数据库存储高频访问数据,基于非关系型数据库存储低频访问数据的建筑大数据集成存储方法,解决了海量异构数据的集成存储和快速访问难题。结合物联网技术,研究基于 BIM 集成建筑监测数据、空间分配信息、设备维护维修信息和视频监控等信息的方法,形成建筑全生命期大数据。监测数据与 BIM 模型见图 7。

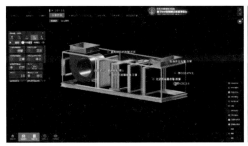

图 7 监测数据与 BIM 模型集成

以往的建筑运维管理通常借助不同的信息化系统,例如 BA 系统、报修系统、维保管理系统、空间管理系统等,这些系统通常部署在建筑的不同空间,有的甚至归属不同的部门,系统的实际利用率不高。通过基于 BIM 的信息集成,使各类建筑运维管理相关的信息可以统一管理,现场任何问题都可以直接反馈到对应的 BIM 模型上,促进了系统的深入应用创新,保证建筑运维管理质量和效果。

3.4 基于 BIM 的医疗建筑主动式运维管理技术

本解决方案基于医院建筑静态数据和医院机电设备运行过程中的故障描述、维修记录等动态数据开发了医院建筑设备故障诊断与风险评估的方法,开发了建筑大数据分析可视化平台,提供灵活的数据报表、可视化数据大屏、深度数据分析引擎,创新性地将建筑大数据智能分析的结果展示到 BIM 模型上,形成了闭环的医院建筑故障的发起—诊断—分析—处理—评价流程,有效地提高医院建筑安全保障的效率和质量,数据及界面详见图 8 和图 9。

传统建筑运维管理往往采用被动式的方式,现场发现问题报修后才处理问题,这种方式可能会引发一些重大的故障,影响建筑环境的安全舒适运行。应用本解决方案后,在机电设备管理流程上,与现有业务流程相比,可在 BIM 模型上直观地了解所有重要机电系统和机电设备的实时运行状态。基于 BIM 和设备运行大数据实现了设备故障预测,可以提前预测设备故障,并自动发起设备故障预警处理流程,自动化管理程度大大提高,安全保障能力也因此提升。此外,还通过维修、维保数据的智能分析,挖掘深层次的信息,例如智能评价高频问题、外包公司质量等,通过 BIM 直观反映有问题的区域。对工单分析时,即可通过机电系统溯源查找故障源头,也可以快速查阅相关的维修历史、资料文件,有利于问题快速定位和解决,通过 BIM 技术多源数据的融合应用创新了运维管理的方式。问题推送流程见图 10。

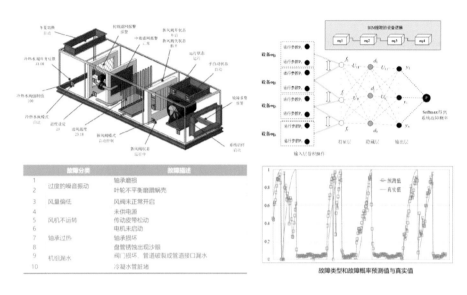

图 8　基于 LSTM 的空调机组故障诊断与风险评估技术

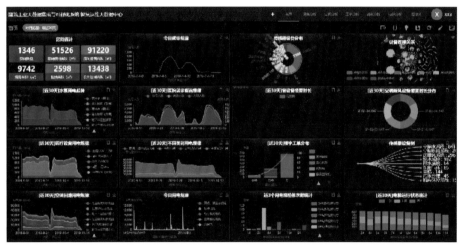

图 9　大数据故障智能诊断平台可视化界面

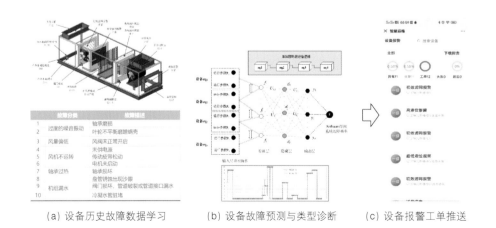

(a) 设备历史故障数据学习　　(b) 设备故障预测与类型诊断　　(c) 设备报警工单推送

图 10　设备异常问题推送流程

基于建筑静态和动态数据,引入多种数据挖掘和机器学习算法,对医疗建筑的运行监测数据进行多维度统计分析,获得海量监测数据背后深层次的规律性信息和异常情况,通过形象地展示,辅助管理优化,达到节约能耗、辅助设备可靠运行的目标,辅助绿色医院的建设。譬如,基于聚类算法分析用能异常状态和回路,辅助进行节能管理;基于报警报修数据,自动生成设备维保计划,实现有针对性的预防式维保。异常能耗问题分析见图 11。

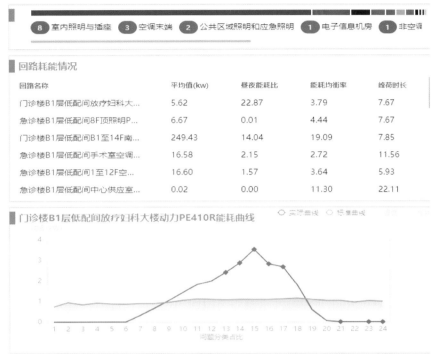

图 11 异常能耗问题分析

应用解决方案前,传统的节能管理主要借助能耗统计报表和基础的数据分析;应用本解决方案后,可将每条用能回路控制的区域和设备在 BIM 模型上直观地展示,管理方可直观了解到能耗从哪里来,到哪里去,哪个位置用能多。通过大数据分析还可以精准定位到有问题的用能回路和用能责任单位,为节能管理带来了全新的思路。

3.5 基于 BIM 的医疗建筑智慧运维管理系统

本解决方案开发了基于 BIM 的医疗建筑智慧运维系统包括网页端、智能移动端、桌面客户端 3 个终端。网页端用于机电设备管理、维护、维修等运维日常管理与统计分析,方便管理人员随时随地通过浏览器查看楼宇运营情况。智能移动端用于现场维护维修人员上传反馈信息,包括建筑信息浏览、评价等服务和设备设施盘点等功能,借助 RFID/二维码等物联网技术,实现对医院设备快速定位、盘点、查询等管理任务。桌面客户端作为运维数据的导入端口、运维管理内容的展示和培训,需保证模型的轻量化、清晰化及运维相关流程的直观性;桌面客户端基于 VR 技术开发,展示具有高度真实感的 BIM 模型,运行于楼宇运维服务中心,多终端应用见图 12。

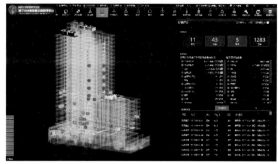

(a) 管理端

(b) 平板电脑端

(c) 网页端

(d) 手机端

图 12　多终端应用

运维人员使用智慧运维管理平台辅助日常的空间分配、维修维保管理、机电设备管理、节能管理,使用 BIM 模型进行设备操作维保培训。相比于以往子系统分散、很多建筑相关问题不能及时发现处置、资料难以查询调阅,基于 BIM 的运维系统改变了现有的工作方式支持可视化、在线化、主动式运维管理,助力建筑精细化管理,为建筑内的使用者提供了更加舒适稳定的环境。应用样例见图 13、图 14。

图 13　东方医院项目解决方案应用实践

图 14　新华医院项目解决方案应用实践

4 解决方案的应用效益

4.1 经济效益

（1）可以减少 10% 医疗建筑运维突发故障，节约运维成本，保障平稳运营。

（2）结合 BIM、物联网、大数据与人工智能技术，实现了设备故障的主动报警通知与联动处理，可有效减少突发故障，设备突发故障率显著降低 10%。

（3）通过应用智能维保技术，设备维保完成率由 50% 提升至 100%。

（4）通过可视化运维培训和标准化在线运维流程控制，提高运维效率。

（5）提高节能管控工作的针对性，辅助院方实现节能管理目标。

4.2 社会效益

（1）通过建筑能耗大数据异常挖掘和基于 BIM 的用能异常精准定位，辅助医院实现节能管理目标。

（2）提高公共建筑运营稳定性和安全性，减少突发事故，助力智慧城市建设和城市精细化管理。

（3）促进建筑企业向提供设计、施工、运维等一揽子解决方案供应商转型，通过延展产业链的物理空间以谋求新的增值和盈利空间。

（4）吸引南京、上海、宁波、深圳等多地的医院及建设单位来交流和学习经验，逐步推动上海的产业、服务、品牌、标准走向全国。

（5）促成国内首个标准《医院建筑运维信息模型应用标准》的立项与编制，推动运维阶段 BIM 在技术、软件、应用经验等方面的积累和发展，见图 15。

图 15 《医院建筑运维信息模型应用标准》团队及鉴定

5 解决方案的应用推广

基于 BIM 的医院建筑运维管理系统运行良好，达到了医院主动式智慧运维管理的目标，能够全面支撑医院建筑的精细化管理。本解决方案的成果在上海市东方医院、新华医院、平湖医院、上海音乐厅、长阳大厦进行了应用。应用过程中，大量外部专家到访东方医院和新华医院参观考察 BIM 运维技术(图 16)，高度肯定了本解决方案的价值。同时，在研发和运行过程中总结经验，形成了《医院建筑运维信息模型应用标准》全国团体标准，经济效益和社会效益明显。

图 16 外部专家观看交付的 BIM 运维系统

(供稿人:余芳强　张　铭　许璟琳　高　尚)

专家点评

该解决方案针对医院建筑管理方亟需改变被动式应对管理现状，探寻主动式、智慧化保障模式，提高管理效率，减少突发故障，优化能源消耗；依托建造优势为医院建筑运营维护提供专业化服务，探索了建筑全生命期数字化服务转型。主要创新内容包括自主研发 BIM 运维管理平台、打通从设计施工到运维管理全过程信息流、建立数字孪生建筑、实现建筑设备故障预测和主动式维保。在上海市东方医院新建综合楼深度应用，利用大数据和人工智能等技术推动了建筑运维管理变革。通过主编运维 BIM 标准助力上海建工在建筑运维板块增强创新力，带来了新的盈利增长点。具体创新点包括:

(1)BIM 模型从施工向运维跨阶段的转换和应用。突破了 BIM 模型轻量化、机电逻辑关系提取等难点问题，技术获得发明专利保护，在运维阶段，当一个设备故障时，维修维保人员可以通过 BIM 模型及时查找上下游设备，快速定位和解决问题，提高服务的时效性、质量和效果。

(2)基于 BIM 和物联网的数字孪生模型构建技术

传统建筑楼宇自控(BA)、报修服务系统以及能耗管理系统等相互独立、利用率低。该案例构建了建筑 BIM 多层次运维模型，集成了 2 000 多个传感器、500 多个摄像头，有效整合了建筑信息、建筑运维过程设备设施实时监测、维护保养、能耗、视频监控等各类数据，形成了建筑数字孪生模型。

(3)自主研发了基于 BIM 的智慧运维管理平台，建立了统一集成的运维智慧中心，创新了主动式运维管理新模式。以往建筑运维管理以被动式响应方式为主，突发故障多，该解决方案实施后根据设备厂家维保要求自动生成维保计划，到维保时间节点自动提醒，日常设备告警事件可直接触发维修工单，基于集成的运维信息模型，通过大数据分析，进行节能减排、运维管理水平评估，辅助提升管理水平。

基于 BIM 技术的徐家汇体育公园改造解决方案

图 1　整体鸟瞰图

1 项目概况

1.1 工程概况

徐家汇体育公园改造项目(以下简称"公园项目")位于上海市徐汇区漕溪北路 1111 号,南至中山南二路,北至零陵路。2016 年,上海确定了"把徐家汇体育公园建成面向未来的新地标和世界级体育综合体"的总体方向。作为上海体育改革发展计划的重点项目,徐家汇体育公园将保留和改造上海体育场、上海体育馆、上海游泳馆和东亚体育大厦四栋主要建筑,并新建体育综合体。该公园项目围绕上海建设"国际赛事之都"的总体目标,通过场馆功能升级和户外环境改造,建设成为"体育氛围浓厚、赛事举办一流、群众体育活跃、绿化空间宜人"的市级公共体育活动集聚区,致力于实现城市有机更新,最大程度地满足市民休闲建设的需求。

该公园项目目前还在建设中,预计将于 2022 年竣工并投入使用。改造后的徐家汇体育公园地上建筑面积不超过 25.2 万 m^2,地下建筑面积约 11.6 万 m^2,建成后效果图见图 1。

此次上海建筑设计研究院有限公司作为设计总包单位,承担整个体育公园(一场两馆、东亚大厦、新建综合体、武警用房及辅助用房)的改造设计与管理协调工作。上海建工集团负责项目承建。

1.2 公园项目特点

原上海徐家汇体育公园建成至今已有 20 余年,为了使配置的硬件设施、设备得到全面升级,需要大规模地进行现代化改建,这既是项目的特点,也是难点,具体的问题和难点如下:

(1) 隐性协调问题多:体育场馆为异形建筑外观,加大了空间布局、管线排布的难度,隐性协调工作量大,难度高。

(2) 总工程量大:该公园项目共涉及 5 家单体,改造需要分区域、分阶段进行。

(3) 与规范同时修改:结构主框架已定,新规范、新需求以及功能的更新迭代,标准提升导致机电管线增加,净高压力大。

(4) 时间周期长:项目建设时间早,当时采用的是手绘图纸,无电子版图纸。因此原有设计图纸短时间内无法获取,现有资料图纸无法真实反映建筑现状,需多次、反复进行现场勘测,复核原设计的匹配性。

针对上述难点,该公园项目将通过不同技术手段及基于 BIM 特性的相关应用来解决相应问题。将 BIM 技术与 3D 扫描技术相结合,建立建筑物的虚拟点云模型作为参考,将二者进行匹配校核,解决早期图纸缺失问题。利用 BIM 三维立体可视化的特点,对预埋套管进行逐一核查,检查机电管线与土建的碰撞冲突,极大地优化管线排布、净高优化等问题。

2 BIM 组织构架

徐家汇体育公园在设计阶段应用 BIM 技术提高专业服务水平,实现三维协同设计,减少错漏碰缺,提高预见性,提高设计质量降低实施风险,该公园项目部分 BIM 管理体系见图 2。

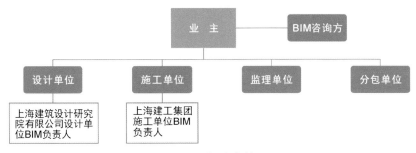

(a) BIM 团队组织架构图

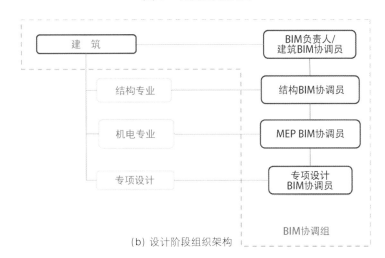

(b) 设计阶段组织架构

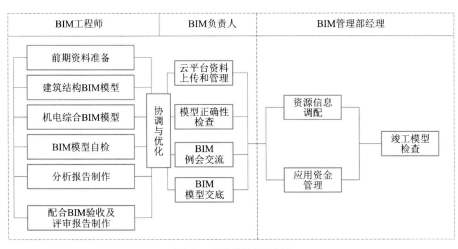

(c) BIM 模型质量保证体系

图 2 BIM 管理体系

3 BIM 软件

BIM 软件一览表见表 1。

表 1   **BIM 软件一览表**

软件	厂商	版本	导出格式	功能
Revit	AUTODESK	2016	RVT, NWC, IFC	用于建筑、结构、机电、精装等专业的 BIM 模型创建
Naviswork	AUTODESK	2016	NWD, NWC	BIM 模型轻量化审阅
AutoCAD	AUTODESK	2016	DWG	CAD 读图
Dynamo	AUTODESK	2016	DYNAMO	基于 Revit 的参数化设计
Rhino 6.0 & Grasshopper	ROBERT MCNEEL & ASSOC	6.0	3DM	NURBS 建模 & 参数化设计
Fuzor	筑云科技	2016	EXE	BIM 虚拟现实展示
Recap	AUTODESK	2016	RCS RCP	三维扫描点云模型整合处理

4 项目应用介绍

4.1 BIM 应用目标

BIM 技术的应用可以提高设计质量,通过三维可视化协调的方式减少设计图纸中的错漏碰缺,减少现场设计变更。同时对项目各单体进行管线综合、净高和空间复核、控制,提高专业深化设计质量,在提高建筑品质方面有极大的帮助。结合上文 BIM 技术应用的特点和项目难点,并参考《上海市建筑信息模型应用指南》,明确 BIM 设计阶段的应用目标,设计阶段应用点见表 2。

表 2   **设计阶段各个应用点**

应用阶段		应用项
设计阶段	方案设计	场地扫描分析
		屋盖参数化还原
		场馆内部视点复核分析
		改造区域模型数据阶段化处理
	初步设计	建筑、结构专业模型构建
		建筑结构平面、立面、剖面检查
		机电与土建建模、协调分析
		Issue Log 问题追溯管理
	施工图设计	各专业模型构建
		机电管线深化、敷设路径优化
		净空优化
		碰撞检测及三维管线综合

4.2 项目应用点及成果展示

4.2.1 设计阶段 BIM 应用亮点

1. 场地扫描分析

通过 BIM 技术与三维扫描技术,真实、完整地将建筑物现状进行数据化处理及还原,扫描分析示意见图3。

图 3 扫描分析

2. 屋盖参数化还原

上海体育场钢结构屋盖标高体系复杂,环梁呈空间双曲,加上扫描图纸本身也存在问题,导致在 Revit 中无法直接进行建模。针对以上难点,基于 BIM 技术的徐家汇体育公园改造解决方案(以下简称"本方案")使用 OCR 技术读取原始扫描图上钢结构屋盖的定位坐标,形成 Excel 表单,再通过 Dynamo 调用表单数据,使用参数化建模形成结构定位点及结构定位线,再根据不同截面尺寸赋予截面数据,最终形成了整个钢结构屋盖模型,确保模型和图纸的定位数据是完全一致的。参数化建模示意见图4。

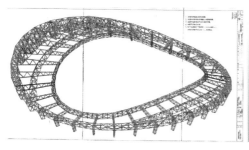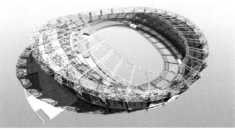

图 4 屋盖参数化建模示意

3. 场馆内部视点复核分析

公园项目对电子转播屏幕的视线要求较高,由于部分区域需要改造,改变了原有的功能布置,通过 BIM 模型整合土建、钢结构与幕墙模型,对不同高度座位上的观众视线进行模拟,复核每个点位的视角情况。视点模拟见图5。

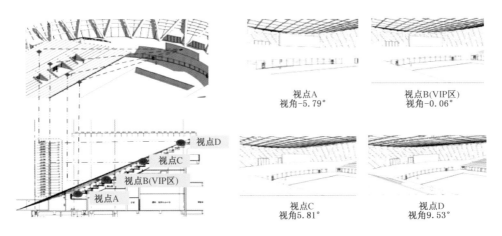

视点A
视角-5.79°

视点B(VIP区)
视角-0.06°

视点C
视角5.81°

视点D
视角9.53°

图 5 视点模拟

4. 建筑、结构专业模型构建

公园项目的 BIM 协同建筑、结构、机电、幕墙各专业根据相应的建模标准及依据构建各专业模型。部分结构模型见图6。

(a) 上海体育场结构模型

(b) 上海游泳馆既有结构模型

(c) 东亚大厦既有结构模型

图 6 部分结构模型

5. BIM 整合下的设计优化

(1) 机电管线深化见图 7,敷设路径优化见图 8。

以新建综合体地下室的外墙预留套管为例。为使成果简明清晰,便于协调管理,利用 BIM 技术可视化和集成性的特点,直接在三维模型中对套管进行逐一排查,最终生成各个外墙的立面留洞图进行标记和统计。经过 BIM 模型整合,进行管线综合碰撞检查,解决机电管道与土建结构的冲突。

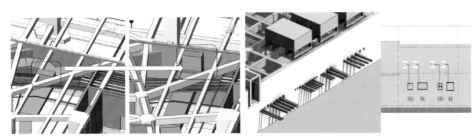

(a) 管线冲突调整

(b) 地下室新建区域的外墙预留套管

图 7 机电管线深化示意

优化前　　　　　　　　优化后

图 8　管线敷设路径优化对比

（2）机电管线综合与造型融合。由于大型体育建筑的建筑造型通常比较独特，对机电管线的排布造成了不小的影响和困难。基于前期成功案例的管线融合经验，在徐家汇体育公园新建综合体上做了更加成熟的融合设计，管线贴合造型示意见图 9。

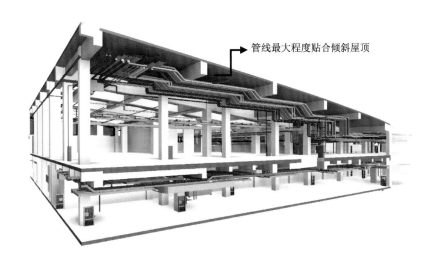

管线最大程度贴合倾斜屋顶

图 9　上海体育馆部分管线剖面图

（3）净空优化。针对由于机电管线新增后引起的净高不足，通过修改土建形式或者机电排布形式来进行一个净高优化方案的对比，从中选取最优解。并以净高分析平面的方式输出净高报告。设置不同的色块来表达机电安装后的使用空间高度，使净高的问题区域一目了然，大大提高协调工作的效率。净高优化最佳方案见图 10。

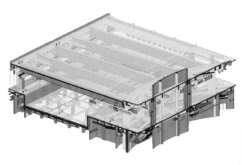 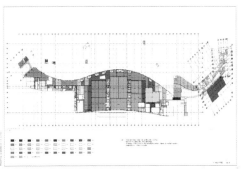

图 10　净高优化最佳方案

6. Issue Log 问题追溯管理

编制 Issue Log 对问题进行记录和管理(图 11)。根据设计阶段的需求对问题区分轻重缓急,提高协调管理者的工作效率,并且解决问题的过程——记录,使协调过程有可追溯性,设置问题状态,工作进度清晰可见。

图 11　问题追溯管理示意

5　总结与展望

随着数字化的飞速发展,行业信息化已经成为了一个新的趋势。建筑信息模型(BIM)作为信息技术在建筑行业的最新表达,正在为建筑行业带来一次全新的革命。徐家汇体育公园改造项目作为上海体育改革发展计划的重点项目,需要对 5 个单体分别进行加固修缮改造或新建,具有规模大、项目难、要求高等特点。然而在设计阶段,通过相应的技术手段和 BIM 应用,可以出色地化解来自技术、协作和管理等多方面的挑战。应用 BIM 技术进行管线的深化设计和碰撞检查,可以消除管线的软、硬碰撞问题,减少在施工阶段可能存在的返工。在保证体育馆室内管线的间距和吊顶标高的同时,还可以利用碰撞优化后的三维管线方案,进行施工交底、施工模拟,保证施工进度。

随着 BIM 技术在设计、施工阶段价值的凸显,BIM 技术在建筑行业中的不断深化应用,正形成以施工应用为核心,向设计和运维阶段辐射,全生命期一体化的协同应用。更高的施工质量、更短的工期需求是未来智能化施工的必然要求,而 3D 扫描仪和 BIM 体系结合而成的建筑解决方案无疑给 BIM 技术注入了新的力量,将虚拟和现实打通,完整地记录了施工现场的复杂情况,成为连接 BIM 模型和施工现场的有效纽带。该技术在既有建筑改造施工中极具推广价值。

(供稿人:丁佳倩　孙　彬　张丹萌　郎　垚　姜莹莹)

专家点评

　　该方案针对大型体育建筑改建的特点,在原图纸比较老旧的情况下,结合了 BIM 技术与 3D 扫描技术,通过数据采集—数据处理—扫描模型的方式建立了数字化的 BIM 模型作为设计开展的基础。针对一些较难还原的复杂钢屋盖结构体系,通过 OCR 读图技术并结合基于 Revit 的参数化设计插件 Dynamo 进行参数化还原。该方案从技术特性和管理协调两个层面对 BIM 技术的应用进行了总结。作为全上海首个大型体育建筑既有建筑改造项目,该方案的成功应用完美实现了城市的智慧更新,在保留老一辈上海人情怀的基础上,打造新一代上海人的体育天堂。

　　该方案在对不用 BIM 技术会对这类项目产生何种影响上没有过多地介绍,如何利用 BIM 在结构拆除及加固层面的监测及分析应用上阐述较少。仅对设计阶段 BIM 的应用进行了阐述,如何在施工及后期运维阶段运用 BIM 技术解决该类大型体育建筑相关难点还需进一步研究。

BIM

Awarded-winning
Software Cases

案例 21 |||||||||||||||||||||||||||||||||||||||||||||||||||| CASE21

CBIM 项目运营及设计协同管理平台

1　项目背景

随着信息化的发展,建筑业已逐步走向数字化,同时建筑业对数字化需求的激增,使企业面临着自主数字化转型的重大挑战。

如何跟上数字化、可视化的设计浪潮,是设计企业绕不开的话题。

对领导者而言,看不到综合动态信息,会给企业的发展带来很大的不确定性。

对经营管理者而言,经营与生产沟通不畅,没有数据支撑;不了解生产团队状况,任务难安排;不了解项目进度状况,收费和补充协议不及时;收入确认和成本确认只能靠每月填表,这给企业的经营管理埋下巨大隐患。

对项目管理者而言,执行过程掌控力不足;复杂项目,生产安排困难,进度及人员变动频繁,校审不留痕,质量难控制,最后还有一个耗时费力却又"两层皮"的 ISO;对质量、进度、成本管理没有好的管理工具,这会给整个项目的实施带来诸多潜在的风险。

同时,三维设计与二维设计在理念和方法上有很大的不同。要真正地应用BIM 设计,每个设计企业都面临着五大难题:

(1) 学习慢:团队 BIM 如何学? 向谁学? 学习的时间成本高!

(2) 使用难:团队直接应用 BIM 来做设计,可是伴随着 BIM 设计方式和设计逻辑的变化,原来匹配二维设计的管理流程和项目组织方式,还能适用吗?

(3) 效率低:企业最重要的是能出活儿。可是面对全新的、本土化与成熟度严重不足的 BIM 设计工具,设计效率仍然比传统二维设计低很多。

(4) 风险高:建筑师负责制的到来,将要求设计院对项目的交付承担更大的责任,但 BIM 设计的交付标准和服务范围,业主方和设计方都不熟悉,合同条款也不清晰,导致潜在风险高。

(5) 作用小:设计企业提供服务,需要有人买单,但市场对于 BIM 设计价值的认知有限,BIM 设计的直接效益在设计阶段得不到体现。

中设数字 CBIM 设计协同管理平台(以下简称"协同管理平台")在致力于解决企业经营数字化、工程信息可视化的基础上,逐步拓展 BIM 设计目前存在的五大难题,从根本上解决了学习慢、使用难、效率低、风险高、作用小等问题。

222

2 协同管理平台介绍

2.1 协同管理平台概述

中设数字融汇了原中国院 BIM 设计研究中心的核心团队,总结并建立了本土化的设计管理体系,提供 BIM 标准定制和 BIM 正向设计软件;推出了全自主知识产权的"CBIM 设计整体解决方案",始终助力建筑设计企业实现企业无边界、空间无边界、行业无边界的设计交付方式。

2.2 产品地图

项目管理模块涵盖了设计项目从经营阶段的报备、立项,到设计阶段的任务单策划、人员策划、进度策划、交付管理、三维校审、电子签批、成果交付、成果归档,再到施工阶段的技术交底、变更洽商、现场服务,最后到竣工归档的全流程管理。

在 BIM 设计的三大业务支撑中,BIM 设计工具包含了智能设计工具、管理工具和效率工具三大类、十二个子类的工具;BIM 资源平台包含构件、模板、标准、做法四大类资源库;BIM 培训平台也以线上线下两种方式提供了四类各具特色的培训单元。产品地图见图 1。

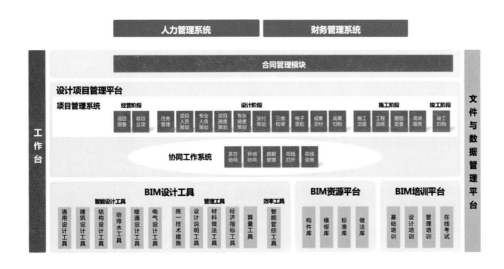

图 1　产品地图

2.3 协同管理平台八大亮点

2.3.1 二维、三维兼容

转型管理方便,过渡平稳——通过配置二维或三维的进度模板,可以分别支撑二维或三维设计,让两种工况集成在一个系统中。

2.3.2　贯标与设计融合

查贯标与质量控制不再是"两张皮"——系统内嵌贯标流程,设计过程和质量管理无缝融合,贯标检查通过信息化的方式完成。

2.3.3　全面的模板支持

"小白"轻松成为专家——多年经验积累总结而成的各设计阶段对应的主任务进度模板、各专业进度模板,融入到相应的流程与节点中,赋能设计团队,即使没有经验,也能完成设计项目。图纸策划目录见图2。

2.3.4　进度管理

进度可视化,调整自动生成——项目进度状况清晰可见,每个团队成员的工作进展一目了然。进度调整便捷,只需输入调整后的起止时间和起始节点,进度便会自动生成。我的项目及任务见图3。

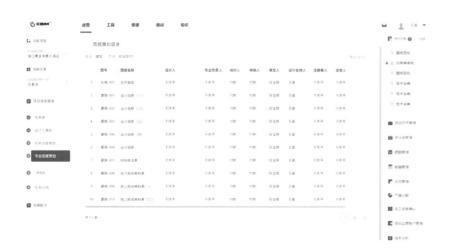

图 2　图纸策划目录

图 3　我的项目及任务

2.3.5 图纸管理

图纸目录自动化——编制图纸目录、图号、签批人,增减图纸,修改图名图号。这些工作在项目后期繁杂易错,系统不仅提供目录模板,而且自动将上传的文件进行排序和命名调整,生成图纸目录。如果是三维设计,系统中修改的图名、图号、目录可以自动地写回到相应的图纸中,正确便捷。

2.3.6 二维、三维联合校审

系统中,CAD图纸和BIM模型都可以直接在线打开进行校审,特别是BIM设计的项目,使用者将可以在一个画面中二、三维联动,视点同步、相互比对参照(图4)。校审批注还可以语音输入,方便高效。

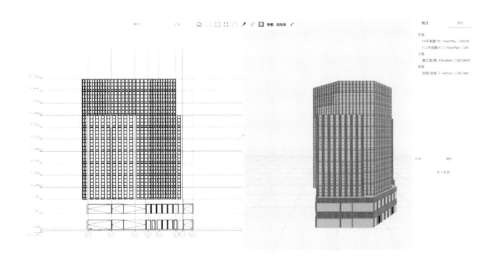

图4 二三维联动

2.3.7 集成工具

节点挂接工具——在关键的三维设计的进度节点中,挂接完成此节点所需要的工具,让设计团队的任务完成更加便捷,可大幅提升设计团队工作效率,并大幅提高质量。

2.3.8 成本管理

以数据支撑管理——系统集成工时统计的数据,结合合同、应收账款、到账金额、设计进度的动态数据,形成可视化的成本分析,以数据支撑项目的管理、预警、决策。成本管理见图5。

2.4 BIM智能设计工具

BIM智能设计工具包含通用、建筑、结构、给排水、暖通、电气6个专业模块,共350多个功能,解决设计过程中的模型创建、编辑、修改等问题。这些功能我们

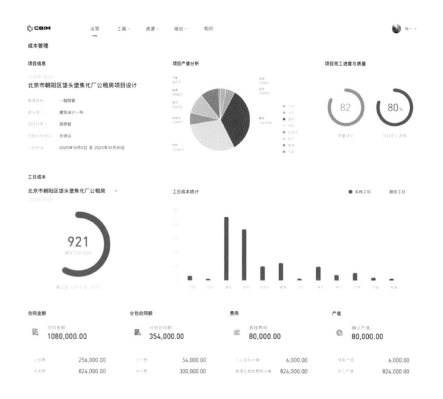

图 5　成本管理

经历了从少到多的过程,现在正在优化成从多到少。简而言之,用最简单的工具,解决快速画图、出图的问题。

2.5　图形渲染引擎

自主高性能图形渲染引擎,助力三维模型设计。图形引擎见图 6。

图 6　图形引擎

3 产品应用案例

3.1 中国农业交流中心项目

3.1.1 项目介绍

中国农业交流中心项目位于北京市海淀区中关村大街,总建筑面积约 100 187 m²,建筑高度 79.8 m,层数为 16 层。办公楼共 56 616 m²,地下车库和商业面积约48 269 m²,含特色餐饮、咖啡厅、超市、休闲、健身等,成为开发区内集时尚购物中心、活力商业街区和甲级写字楼为一体的高端城市综合体。方案的总体布局充分考虑周边与周边城市区域的对应性,将南侧和面向农科院的东侧设置为两栋办公楼的入口。建筑西面面向城市道路的一侧均为商业。考虑与城市尺度的对应关系,从"收获的季节"概念出发,整个建筑用多种格栅、陶板的疏密变化组成丰富的立面组合,既解决了西晒的问题,又对城市形象产生积极的影响(图 7)。

图 7 中国农业交流中心项目效果图

3.1.2 项目成效

应用系统进行了全专业正向设计,拥有高质量、精细化的设计成果,获得甲方高度评价。由于情况特殊,项目从方案到申报建设工程规划许可证,只用了15 天,扩初和施工图是边设计边施工完成的,CBIM 协同设计管理平台给业主节省了约半年时间。精细化设计与管理和在线跨企业协同使项目效益得到显著提升。

3.2 西宁绿地中心

3.2.1 西宁绿地中心项目介绍

西宁绿地中心项目位于西宁市海湖新区重点规划的核心区域,是西宁市乃至青海未来城市形象的地标性建筑(图8)。整个项目占地 62 444.75 m²,总建面达到 40.31 万 m²,地上面积约 32.36 万 m²。西宁绿地中心总共分为四部分:主楼为超高层国际商务写字楼,共 57 层,高 303 m,主楼总建筑面积约 13.3 万 m²,建成后是西宁最高的地标建筑。超高层两侧是两栋仅次于超高层的公寓、办公综合体,项目外围是一栋写字楼及一栋公寓。裙房为 5.6 万 m² 的商业区,将打造成海湖新区金融港的不夜城。地下共 3 层,总计约 8.0 万 m²,共有 1 260 个地下车位。

图 8   西宁绿地中心效果图

3.2.2 项目成效

应用内置 BIM 设计流程模板辅助全流程策划的管理平台管控进度节点,应用数据管理,资料共享。应用多方在线协同,工程进度可视化,情况一目了然。应用在线打开,在线会商,阶段性看图、讨论随时进行。应用 Dynamo 参数化设计,控制主体结构斜柱定位及尺寸控制。应用 BIM 智能管综设计,完成复杂机房和走道管线排布,一键生成,设计优化。

3.3 招商昌平都会中心

3.3.1 招商昌平都会中心项目介绍

招商昌平都会中心项目(图 9)位于北京市昌平区南邵镇。项目总建筑面积约 12 万 m²,地上建筑面积约 10 万 m²,地下建筑面积约 2 万 m²,建筑高度 45 m。

项目由西向东规划为开放公建区、半开放公租房区及商业区、私密商品房区。立面造型采用现代手法,用玻璃幕墙和金属格栅打造现代化文化建筑,简练的横向线条在立面上局部打开,形成活泼的立面造型,在最佳展示面上玻璃盒子局部凸出,昭示性强。建筑高低搭配,立面上互为呼应,同时一至四层的室外连廊连接本地块两栋建筑及0302-70#的三栋文化建筑,形成活跃的室外空间,体现文化交流性,营造活跃的商办氛围。

图 9　招商昌平都会中心效果图

3.3.2　项目成效

在协同管理平台上,尝试业主参与跨企业的设计管理,BIM模型在线预览,业主方的学习成本几乎为零,技术交流及时有效。在设计过程中应用参数化方案对比,BIM算量,完成成本优化。机电专业在提资过程中,实现半自动化获取信息,部分实现自动计算,进行BIM智能管综排布,最大程度地保障设计品质。BIM智能管综排布见图10。

图 10　BIM 智能管综排布

4　总结与展望

CBIM设计协同管理平台,解决了设计项目管理中面对的诸多痛点。

对领导者而言,可以看到业务与财务数据统一的综合动态信息,全院的人员安排状况,实时可见的经营运营汇总报表。

对经营管理者而言,生产团队状况、项目进度情况清晰可见。因此项目好安排,收费、补充协议能及时到位,收入确认、成本确认自动化,经营生产一体化。

对项目管理者而言,项目掌控力有支撑;复杂项目的组织安排有工具;进度、人员好修改;提图校审处处留痕,质量可控;ISO系统可查。

三维BIM设计面临的困难,通过CBIM设计协同管理平台产品优势也可以得到解决。

（1）学会了：CBIM 设计协同管理平台提供一站式从 0 到 1、从 1 到 10 的系统性培训，让如何学、找谁学不再是问题。

（2）会干了：CBIM 设计协同管理平台通过内嵌成熟的模板并集成专业化的 BIM 智能设计、管理和效率工具，使设计团队能以熟悉的方式顺利过渡，使用 BIM 进行项目设计。

（3）出活儿：针对项目流程及设计生产环节的痛点，精心打造的 CBIM 系统和核心功能，大量使用 AI 技术，大幅提升 BIM 设计效率，使 BIM 设计效率接近甚至超过传统二维设计成为可能。

（4）合规交付：CBIM 设计协同管理平台以多年 BIM 设计项目经验为基础，遵循国家 BIM 标准，形成成熟的交付模板，所有流程标准化，应用模板化，将项目风险降至最低。

（5）有人买单：团队战斗力的形成、项目交付能力和效率的提升、标准化的成果输出，带来了诸多益处，势必赢得市场的认可与响应。而精细化的管理和数据化的决策，更能够为设计企业向全过程咨询和 EPC 转型过程保驾护航。

CBIM 设计协同管理平台，支撑企业实现业财一体化，支撑建筑设计主业务数字化转型，真正实现空间无边界、行业无边界、企业无边界。随着不断地自我完善，相信"CBIM 设计协同管理平台"及 CBIM 平台的其他模块，必将为中国 BIM、CIM 行业的发展提供更多帮助，为实现"数字中国，智慧社会"的宏伟目标贡献更多力量。

（供稿人：孙　屹　李伯宇　李皞瑜　谷贝贝）

专家点评

CBIM 设计协同管理平台凭借完全的 BIM 正向设计理念，不仅提供了全方位 BIM 项目的设计协同功能，并且向设计院的主业务全生命周期延伸，覆盖了设计项目的报备、立项、任务下达的管理，通过和财务、人力资源的数据对接，实现了业财一体化。同时平台将智能设计工具内嵌到设计协同流程中，为设计院的管理和生产提供了一站式整体服务。

CBIM 设计协同管理平台是基于中国建筑设计研究院 15 年来获得的 30 项国内外 BIM 大奖、100 个 BIM 项目、近 1 000 万 m² 的工程实践与探索，持续的知识梳理和技术总结，由跨界团队历经 6 年不断研发积累而成。系统充分考虑了在兼容目前业界主流数据格式的基础上，在图形引擎、流转数据格式等关键节点完全以自主知识产权技术实现，为数据安全性提供了强有力的保证；兼容二维、三维设计项目，支持各种项目类型的无缝对接；系统提供标准流程模板，让用户零门槛即刻上手，并能实现贯标和设计的融合。

CBIM 设计协同管理平台通过设计项目全方位数据的贯通和沉淀，以智能引擎驱动设计关键节点，如管综排布、图纸目录策划、设计说明书编写等，大幅提升了设计项目的产能效率。

近乎无限承载力的 BIM＋GIS 图形平台
——黑洞三维图形引擎

黑洞三维图形引擎(以下简称"黑洞引擎")是由秉匠科技自主研发并拥有完全国产自主知识产权的一款三维图形引擎。主要是为工程参建各方提供基于 Web 端的多源异构三维模型可视化服务,并解决设计、建造、运维过程中的可视化沟通及分析等问题,还可为城市 CIM 应用提供数字化底座,支撑 CIM 平台的高效运行。

黑洞引擎采用 Direct3D, OpenGL 作为底层支撑,性能优异,可在主流计算机配置环境中稳定、流畅地运行。黑洞引擎支持以 ActiveX 控件形式在 IE 浏览器高性能运行;支持跨平台、跨设备的多终端浏览功能,以 WebGL 形式运行于 Chrome, Firefox, Opera 等主流浏览器上,实现无插件多终端(PC/Android)模型浏览;还可轻松管理多类型、大规模的 BIM 模型数据,并提供精确的空间分析计算能力。在大规模智慧建筑相关场景的生产与管理中,黑洞引擎支持多专业协作生产,提高生产效率,降低数据管理成本。

1 黑洞引擎特性介绍

1.1 引擎承载力

黑洞引擎使用自主知识产权的轻量化模型技术和实时渲染优化技术,平台支持 100 G 以上的 BIM 模型、300 G 以上的倾斜摄影数据、40 km×40 km 以上地形数据在同一三维场景中的加载。构件数支持 1 000 万以上,三角面片数支持 100 亿以上。在使用非图形工作站且有独立显卡的个人电脑运行时运行顺畅,平均帧率不低于 60 fps。

1.2 渲染效果

黑洞引擎加入阴影、光晕、环境遮蔽(SSDO)、高动态范围光照(HDR)等视觉增强效果,使模型渲染更有立体感和层次感;同时加入水面模拟效果,以及大范围树木植被的支持,树木可模拟出随风摇动的动态效果,如图 2 所示。

图 1　目前遇到的
最大数据

(a) 镜头光晕

(b) 水面反射、折射

图 2　黑洞引擎渲
染效果

(c) 阴影效果

1.3　多数据格式支持

黑洞引擎支持地形、矢量、手工建模数据、地下管线、倾斜摄影、BIM 等海量多源、异构数据的高性能加载与显示。对主流 BIM 建模软件 Revit, Bentley, 3ds MAX 均开发有专用插件, 便于从这些软件中导出黑洞引擎所需的模型数据。同时支持 3ds,obj,Fbx,3dxml,IFC 等常用的模型文件格式。黑洞引擎支持的多种数据格式见图 3。

图 3　黑洞引擎支持的多种数据格式

1.4　地形系统

黑洞引擎在 GIS 辅助数据支持上, 可做到大场景 GIS 数据, 包括倾斜摄影(40 km 以上)、DEM 高程(40 km×40 km 以上)、遥感影像(0.5 m 精度以上)数据的导入和显示, 可融合多种数据快速构建地形和景观模型, 与 BIM 模型有机融合展现完整的三维环境效果。

黑洞引擎支持超海量数据的分页调度, 从而可以支持 40 km×40 km 以上的场景范围, 支持 1 m 精度的高程 DEM 和支持 0.3 m 精度的遥感影像; 支持全 GPU 地形无缝 LOD 过渡, 地形网格能够在高低精度间平滑过渡; 利用多 Pass 技术, 从而支持多层材质混合, 在存在几十种材质时, 不会造成地形材质 shader 的效率巨减。

1.5　植被系统

植被系统采用多级 LOD 网格来显示, 当树木距离超过一定阈值时, 采用 Impostor 技术(一种高级广告板技术), 当距离继续增加时, 则将相邻的一堆树木合并为一个整体来管理和渲染, 从而能够轻松实现同屏几万棵树的高效渲染。

对于地被植物(草地)：根据平铺在地形上的众多植被密度图,自动生成植被网格进行显示。植被模型支持 GPU 过程动画,可高效实现树叶随风摆动的效果。植被系统显示如图 5 所示。

(a) 城市级倾斜摄影 300 G+

(b) DEM 高程数据

图 4 黑洞引擎支持地形数据的导入和显示

图 5 黑洞引擎支持的植被系统显示

树木(引擎自带 75 种树种,可根据建模标准自定义增加)

1.6 水面系统

黑洞引擎支持局部动态水面,水面网格为全3D网格,网格根据水波能够上下起伏,支持无缝LOD过渡。水波效果采用GPU上的FFT(快速傅里叶变换)模拟,从而获得最为真实的风驱动的水波效果。水面同时支持实时反射、折射。多个局部水面相互配合,可以轻松实现复杂的水面分布效果,如大坝的上游、下游、有坡度的河面,等等。水面效果示意见图6。

图6　水面效果示意

2 黑洞引擎创新点

2.1 HLOD 技术

黑洞引擎通过空间刨分将所有构件强行按空间区域分割分组,然后对每个空间区域进行自动减面,并将空间区域进行LOD分级,从而将海量构件模型转换为一个层级化的空间区域树。在渲染时,根据相机方位和空间区域在相机视平面上的投影误差,动态调度空间区域树,从而可在不影响渲染效果的基础上,将渲染负载减小一个量级。

2.2 自定义纹理数组

材质系统会将全部材质整合成一个纹理数组,渲染时尽量减小材质切换,可大大减小Drawcall数量,提高渲染效率。

2.3 场景分页加载

通过互斥加载页面、叠加加载页面等技术对场景模型进行层级组织,可以实现城市级别建筑物的高效加载和渲染。

2.4　动态松弛八叉树场景管理

基于"松弛八叉树"原理,在场景有大量动态物体时,避免场景对象的空间划分结构频繁改变,仍可以保持较高的场景裁剪效率。

2.5　自定义抗锯齿算法

通过对多帧渲染数据进行统计计算,实现抗锯齿渲染效果,相比于 WebGL自带的抗锯齿功能,可以提高 5～6 倍的计算速度,优化渲染效果。

2.6　遮挡剔除算法

渲染时通过对事先划分好的屏幕空间块进行遮挡查询,即可计算出下一帧的渲染负载,相比于对单构件进行遮挡剔除,效率可高一个量级,当模型构件数量足够大时,比如上千万级别,也可流畅渲染,不会因构件数量对渲染效率造成影响。

2.7　矢量系统

在不依赖于任何 UI 框架的基础上,支持线、面、标注等矢量元素,支持海量矢量数据的分页调度、高效渲染。支持线、面矢量动态投影到地形上,使矢量元素与地形无缝贴合。

2.8　多数据格式同时渲染

黑洞引擎会将不同格式的模型首先转换为引擎内部格式,在渲染时可以同时查看多种不同格式的数据,进行分析计算。

3　黑洞引擎应用案例

3.1　星云数字协同平台

星云数字协同平台(Nebula)由黑洞引擎作为支撑,提供私有云部署、SaaS 部署等多种服务,结合企业、项目、个人三级管理,搭建场景、协同、资料、流程表单等基础功能,最终服务于不同的项目难点解决方案。星云数字协同平台见图 7。

星云数字协同管理平台提供了一个强大的数字底座,解决了多源异构数据的融合与超大场景的呈现,配备了文档、批注、标记、表单、流程等基础的协同功能,打造简洁高效的基础产品,其目的在于赋予它强大的扩展性,以统一的数据交换标准来扩展更多的数字平台。不仅能实现数据的融合,也能更好地实现平台间的数据互通,最终形成星云数字生态圈,助力智慧城市的建设。星云数字协同平台界面见图8。

图7　星云数字协同平台

图8　星云数字协同平台界面

3.2　星系智能建造管理平台

星系智能建造管理平台基于黑洞引擎开发,是为工程建设管理人员提供项目数字化管理系统。平台基于数据结构化、管理可视化的理念,结合工程建设行业特点,采用"微服务"架构,在业务层面划分了综合监控、全景展现、人员管理、进度管理、质量管理、安全管理、基础数据、文档管理等多个功能模块。星云智能建造管理平台见图9。

平台将分部分项、施工日志、互联物联等多项内容进行了巧妙融合,使得平台的数据在不增加项目管理人员工作量的前提下实现每天实时更新,很好地解决了平台推广中难以解决的"假数据"、"两张皮"等问题。星云智能建造管理平台综合监控界面见图10。

图 9　星云智能建造管理平台

图 10　星云智能建造管理平台综合监控界面

3.3　其他案例

图 11　第十届中国花卉博览会数字管理系统

图 12　雄安容东CIM管理平台

图 13　2020 年第三届浦东新区 BIM 技术应用创新竞赛

图 14　智能建筑工厂 BIM 管理平台

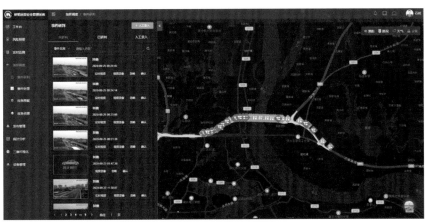

图 15　大桥 BIM＋GIS 桥梁综合管理系统

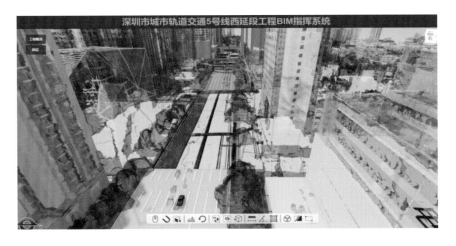

图 16　深圳市城市轨道交通 5 号线西延段工程 BIM 指挥系统

图 17　智慧高速公路数字建设平台

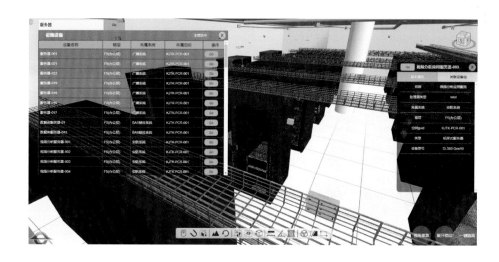

图 18　某机场数字化资产管理平台

4　黑洞引擎发展前景

2020 年,国家提出加快研发自主知识产权的系统性软件与数据平台、集成建造平台,探索建立表达和管理城市三维空间全要素的城市信息模型(CIM)基础平台。

城市级 CIM 平台的研发在海量数据承载、多源异构数据整合、数据可视化、三维轻量化等方面都有较高的要求。黑洞引擎可以将倾斜摄影模型、点云模型、GIS 遥感影像等数据与高精度 BIM 数据集成,支持同一场景多模型展示,在不损失模型原始精度前提下,可承载任意超大场景模型,并且在网页端实现秒级加载,支持光照、阴影、水面、植被、烘焙等逼真的渲染效果。通过对 IoT、AI 等技术的融合应用,黑洞引擎对智慧城市 CIM 平台形成有力支撑,从而让城市的建设以及整个城市的运维更加智慧。

(供稿人:夏海兵　高　阳　王栋栋　沈沁宇　张毓成)

专家点评

目前,我国工程领域BIM应用需求巨大,缺乏专业软件,其中三维图形引擎是最关键的技术,是亟待突破的"卡脖子"问题。黑洞引擎作为一款从底层架构开发的具有自主知识产权的底层图形引擎,它的出现弥补了我国在BIM技术应用中底层系统软件的缺失。对于构建适合于中国建筑行业的专业软件生态具有重要意义,在国家倡导核心软件自主可控的背景下,能有效地保障工程信息安全。

黑洞引擎在BIM模型数据和GIS数据承载能力方面优势突出,对多种数据格式模型具有很好的支持,通过黑洞引擎的轻量化处理,极大地扩展了BIM的应用范围,使三维可视化、数据化BIM模型不仅停留在设计阶段,而且可以应用到施工阶段、运营阶段,涵盖整个工程建设的全生命周期,对BIM技术在大型基础工程项目中的应用和管理具有很强的适用性。

目前,国家大力发展的城市CIM、数字孪生技术等技术,要求建立"多规合一"业务协同平台,共享空间信息调取、数据交换、数据共享,结合物联网、人工智能、大数据技术等相关技术发展智慧城市系统。黑洞引擎满足了城市级精细化三维浏览,支持CIM数据存储、索引、计算能力,满足亿级BIM构件的加载和管理,满足PB级数据容量的物联网数据的点位流数据接入、存储和分析计算服务,是实现智慧城市非常优秀的基础平台。

在模型集成能力、数据承载能力、可视化效果等方面,黑洞引擎表现突出,这也证明了我国核心软件研发能力,希望黑洞引擎能够积极推广,发挥出更大的社会经济效益。

BIM 档案挂接及图纸比对软件

1 项目背景

近年来,随着建筑信息模型(Building Information Modeling, BIM)技术的深入发展,BIM 理念已经得到行业的广泛认可,在国家层面大力推进 BIM 技术的应用和发展的同时,各地政府也纷纷组织开展标准编制,并积极进行项目试点,部分企业开始进行项目应用。上海更是积极响应国家住建部的号召,《2020 上海市建筑信息模型技术应用与发展报告》中,2019 年上海市在项目规模上满足 BIM 应用条件并且应用了 BIM 技术的项目应用率达到了 94%,同比增长了 6%,BIM 应用在设计、施工阶段已经实现了100% 全覆盖。可见,BIM 技术在上海乃至全国的推广都已步入了全面普及的阶段。

既然在设计和施工过程中使用了 BIM 技术,可以合理预见未来几年的竣工工程将诞生大量的 BIM 竣工档案。BIM 技术的核心价值之一,就在于 BIM 数据的全生命周期,但目前市面上无论是企业端还是政府端都忽视了 BIM 作为档案的合规性和重要性。

目前存在以下问题:

(1) 无法确保 BIM 模型与图纸一致:现在市面上主要采取逆向建模的方式,很难保证最终交付的竣工模型与竣工图纸一致,缺乏有效手段审核 BIM 竣工模型。

(2) BIM 档案与传统档案割裂:目前大部分单位仍采用传统的归档管理办法,BIM 模型作为独立的文件以硬盘存储的方式存档,与其他档案卷宗割裂。

(3) BIM 模型挂接关系无法延续到在线平台:BIM 竣工模型在交付时,一般已经挂接了资产清单及技术文件,但是无法将这样的挂接关系延续到在线平台上。

(4) 缺乏 BIM 档案的管理软件和平台:BIM 模型出现后,档案管理的模型和方法都将发生改变,档案管理变得更多元,更多维,更精细,目前缺乏 BIM 档案的相关管理软件和平台。

基于以上现状和发展趋势,上海华筑信息科技有限公司开发了针对 BIM 档案管理的软件平台,为 BIM 竣工档案归档、检查和利用提供便利。

2 软件介绍

2.1 概述

华筑科技通过前期与浦东档案局携手开展了针对基于 BIM 技术的三维城建档案的接收、保管和应用模式研究，形成了《基于 BIM 技术的三维城建档案接收保管和应用模式研究课题报告》(以下简称《报告》)。《报告》中提出了基于 BIM 技术的城建档案接收保管和利用的模式及模式的实现路径，这也为软件的落实提供了理论基础。通过对传统城建档案的归档标准、规范、流程的梳理和研究，开发了结合 BIM 档案的新一代 BIM 档案管理平台。在 BIM 档案管理平台推行过程中，发现企业端同样有 BIM 档案管理的需求，在原有基础上，整合了一套新的针对 BIM 档案挂接和图纸比对的软件。

2.2 产品设计

整套的 BIM 档案管理平台涵盖了档案的挂接、报送、审查、审批直到后期利用的全流程管理，梳理了 BIM 档案管理的标准体系，包括挂接标准、接受标准、审查规范、过程管理规范、利用规范，等等。在支撑层中，工具包含了模型审核工具、模型加密/电子签名、轻量化算法、GIS 引擎、轻量化插件等。BIM 档案管理平台可以服务于项目级、公司级和集团级的 BIM 档案归档。平台详细架构见图 1，平台功能架构见图 2，BIM 档案管理流程见图 3。

图 1　平台详细架构

图 2　平台功能架构

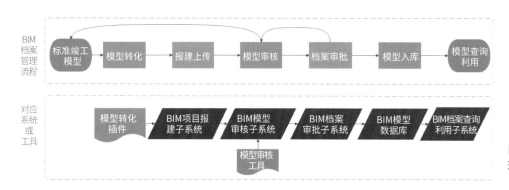

图 3　BIM 档案管理流程

2.3　软件亮点

2.3.1　解决 BIM 档案管理与传统档案割裂管理的问题

基于档案管理部门目前的管理逻辑和规则,将 BIM 模型的管理融入传统档案管理中,进行 BIM 三维档案的接收、保管和应用。通过在 Revit 软件中加载档案管理插件的方式可以实现离线挂接 BIM 模型与传统档案、档案预览、挂接检查和轻量化打包功能。如图 4—图 7 所示。

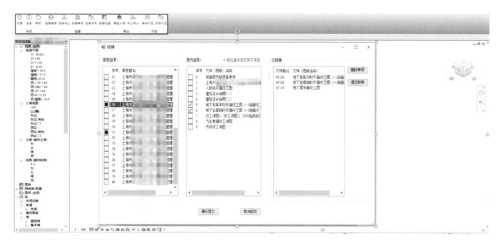

图 4　Revit 内档案挂接插件菜单

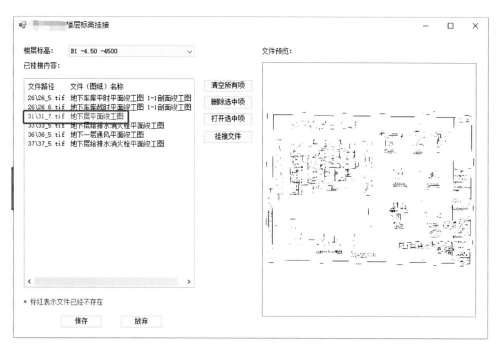

图 5　楼层挂接

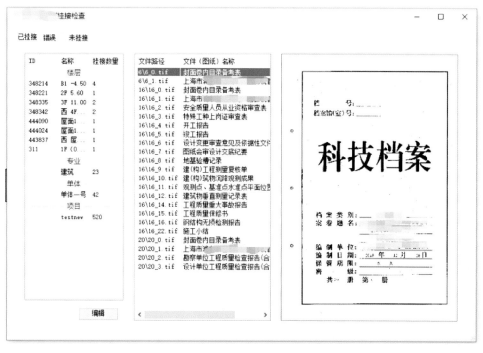

图 6　挂接检查及预览

2.3.2　解决 BIM 档案管理不可更改性的问题

　　BIM 档案管理需要具备以下几种特性,包括确定性(指档案内容信息的清晰、确定性和其载体的固化、恒定性)、原始记录性(即对档案的管理方法无论怎样简便有效,均不能以伤害档案的本质特性为代价)和真实可靠性(即档案的原始记录和真实性是其他事物不可替代的)。针对像 BIM 模型这样的档案,目前还没有规定的档案管理载体和格式,考虑到其全生命周期的价值属性,未来可能还需要在现有的档案上继续加工利用。对于如何平衡档案保管的要求和 BIM 档案实际应用的需求,华筑科技提出了两套模型管理的解决方案。针对日常利用的轻量级查阅需求,通过在线平台实现轻量化的模型查档。针对日后需要对原始档案再查阅需求的利用,对原始模型文件的 MD5 码进行加密和解密,确保模型的不可更改性和持续利用性。如图 8、图 9 所示。

图 7   挂接错误检查

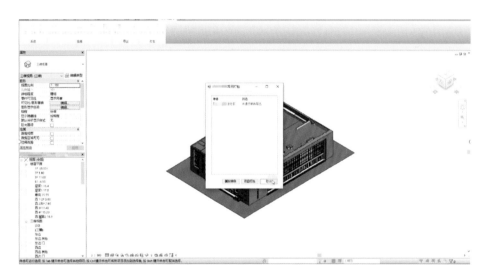

图 8   模型轻量化
处理和加密打包

图 9   在线轻量化
BIM 档案查阅

2.3.3　探索 BIM 模型与图纸的审核

在 BIM 档案归档中,对于如何保证 BIM 模型档案的准确性,还没有相应法律法规和官方要求,目前法律法规仍以竣工图纸为合法依据。保证 BIM 模型档案的准确性,也就是要保证竣工图纸和竣工模型的一致性。该软件提供了图纸和模型的审核工具,通过二维图与三维模型的叠加,可以快速发现问题并审核标注,便于模型的整改,如图 10—图 13 所示。

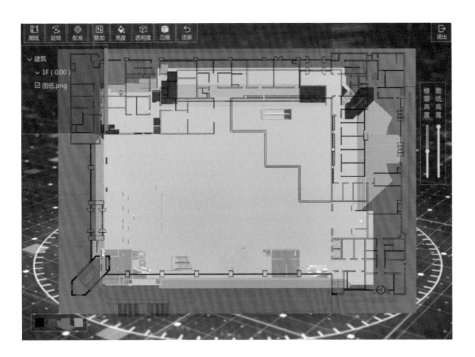

图 10　图纸与模型校准

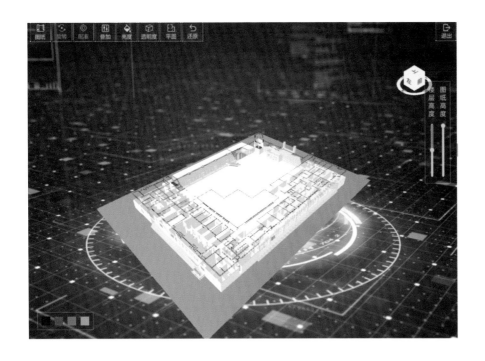

图 11　模型与图纸三维角度观察匹配

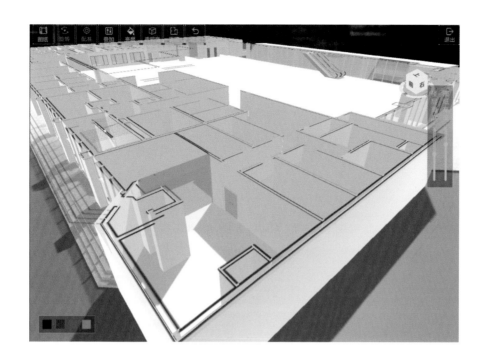

图 12 加强图纸与模型的对比效果

图 13 图模比对问题整改

2.3.4 解决 BIM 档案和项目档案在线利用问题

目前,BIM 模型的打开和利用需要使用专业化的工程软件,在利用上有几大不便:

(1) 使用专业软件有软件版权问题;

(2) BIM 模型对电脑硬件配置要求高,普通电脑难以打开;

(3) 专业软件的使用操作复杂,操作员未经培训不容易上手;

(4) 在更换电脑后,传统档案在 BIM 档案管理软件内的链接,需要重新绑定配置,否则将无法查看使用。

这些问题都制约了后续的 BIM 档案管理软件利用,本软件使得 BIM 档案和传统档案的管理实现轻量化、便捷化、储备云端化。在 BIM 档案在线入库后,使用者可以方便地在网页上浏览 BIM 模型,查询 BIM 信息,查找对应的档案(图 14)。

图 14　在线查看 BIM 模型、构件属性及关联档案

3　应用成效

3.1　应用价值

本软件填补了目前市场上关于 BIM 档案管理方面产品的空白,围绕 BIM 档案与传统档案之间的关系、BIM 档案的保管模式、BIM 档案的后续利用等问题,率先展开了研究和探索,为竣工的 BIM 档案提供了一套全新的解决方案。

3.2　应用案例

3.2.1　浦东新区档案馆

华筑科技与浦东新区档案馆率先打造了全国第一个 BIM 档案全过程管理平台,通过建设基于 BIM 的档案管理平台,实现了"三维模型标准化、数字信息多元化、管理服务智慧化"的总体目标,全面改革和提升了城建档案的接收、保管和利用的手段、流程和机制。具体见图 15、图 16。

图 15 浦东新区档案馆 BIM 接收平台

图 16 浦东新区档案馆 BIM 利用平台

3.2.2 民乐城建欣苑

民乐城建欣苑功能为住宅保障房,位于浦东惠南镇,总建筑面积为 250 780 m²。

作为首个 BIM 竣工档案入库的住宅保障房项目,中建八局民乐城建欣苑主要对建筑和结构两个专业进行 BIM 模型建模,将传统的竣工图纸和模型进行了挂接,实现了在线的档案查看和图纸比对(图 17)。

图 17 中建八局民乐城建欣苑

4　总结与展望

随着 BIM 技术的全面推广和应用深入,越来越多的建设项目已经应用了 BIM 技术。未来五年,将有大量的竣工项目遇到 BIM 档案应该如何归集的问题。BIM 技术及新一代信息化技术的出现,使得建筑行业从设计、施工到竣工的管理越来越数字化、标准化、精细化,大量的新型档案不断涌现。现有的档案管理方法、流程、归档形式、归档内容将不再适应数字中国时代的归档需求,档案管理将面临一场新的改革。

本软件针对推行 BIM 档案管理过程中存在的难题实现了从零到一的突破,优先考量如何将 BIM 档案与现行的档案管理规范和标准兼容,解决 BIM 档案与传统档案割裂的问题,实现 BIM 档案与传统档案的挂接、BIM 模型和图纸的审查、BIM 档案的在线利用等功能。

目前,软件仅支持 Revit 模型,未来还将考虑更多模型格式及 IFC 标准兼容问题,为 BIM 档案归集提供了全方位数字化解决方案,为实现"数字档案""数字中国"的伟大目标添砖加瓦。

（供稿人：丁　洁　陈应妙　韩梦妍　王薇薇）

专家点评

近年来,随着 BIM 技术的快速发展,在设计、施工、运维阶段都涌现了大量的自主研发的协同平台软件,但在档案管理方面,确实鲜少看到相关研究和相应的产品。华筑科技开发的 BIM 档案挂接及图纸比对软件是近几年大赛唯一一个聚焦在 BIM 档案的接收、保管和利用的软件项目。

BIM 技术有几个特点,包括可视化、信息化、全生命周期、虚拟建造等,尤其是全生命周期的特点,其价值得到行业的肯定。但另一方面,全生命周期应用的落地在目前阶段较难推行,有组织架构、利益牵扯、标准制度、工作协同等多方面原因导致。但竣工阶段是一个里程碑式的阶段,代表了一个建设阶段最终成果的展现,也代表了下一个阶段应用的初始。因此,竣工模型数据的准确保存、数据关联和后期利用至关重要。

BIM 档案挂接及图纸比对软件针对 BIM 档案目前面临的困境,包括 BIM 档案的核验、BIM 档案存储模式、BIM 档案与传统档案兼容等方面,进行了深入的探索研究,并提出了独到的解决方案,解决了目前 BIM 档案管理平台有无的问题。不过,平台目前兼容性仍显不足,还无法全面覆盖所有类型的 BIM 档案,在 BIM 档案的应用深度上也存在挖掘空间。希望后续平台可以持续深化,针对 BIM 时代下的档案管理,提供更好的解决方案。

浦东建管公司 BIM 信息化管理平台

1 开发背景

在新一轮科技创新和产业变革中,信息化与建筑业的融合发展已成为建筑业发展的方向,这将对建筑业发展带来战略性和全局性的影响。推动建筑行业科技创新,加快推进其信息化发展,激发其创新活力,培育新业态和创新服务模式,是建筑行业谋求改革和可持续发展的重要途径。

建筑信息模型(Building Information Modeling, BIM)是以建筑工程项目的各项相关信息数据作为基础,通过数字信息仿真模拟建筑物所具有的真实信息,通过三维建筑模型,实现工程监理、物业管理、设备管理、数字化加工、工程化管理等功能。它具有信息完备性、信息关联性、信息一致性、可视化、协调性、模拟性、优化性等特点。

上海浦东工程建设管理有限公司(以下简称"建管公司")是浦东新区的重要代建单位,肩负着浦东改革再出发的重任。从 2015 年起,建管公司就开始了 BIM技术的探索与研究,通过 BIM 技术的应用,逐步改善传统的项目管理模式,促进工程项目实现精细化管理、提高工程质量、降低成本和安全风险,大幅度提高工程项目的集成化水平。建管公司通过多项目的 BIM 实践,结合工程管理需要,围绕全过程 BIM 应用,推出建管公司 BIM 信息管理平台 V1.0 平台。平台是基于BIM 的企业级项目管理平台,其目标是使项目管理方式逐步向信息化、数字化、精细化、智能化转变,能够高效达成各项建设目标,并引领浦东新区的 BIM 发展。

2 平台介绍

2.1 概述

建管公司 BIM 项目管理平台,是以业主为主导,BIM 数据为根本,施工、监理、设计、监测等单位共同参与的项目全生命周期的管理平台。立足于"互联网 + 大数据"的服务模式,采用云计算、大数据和物联网等技术,把工程信息可控化、数据化、可视化,实现了对工程建设管理的全方位、全周期、立体化的高效管控。

2.2 平台架构

建管公司 BIM 信息管理平台由前期决策平台、施工管理平台、智慧工地平台、运维平台四部分组成(图 1)。

前期决策平台有效整合 BIM 技术与 GIS 技术,从场地分析、用地权属、拆迁分析、碰撞检测、流量分析、绿化搬迁方面进行数据分析,实现工程方案和数据分析的结合。同时可以从方案设计、管线综合、交通便道、临时排水、环境景观多方面进行工程方案输出,有针对性地进行方案优化和交底。

施工管理平台主要在施工过程中提供进度管理、投控管理、安全管理、质量验收、物料追溯、人员设备管理、会议管理、移动 App 等应用,预制构件方面提供预制构件库、生产进度管理、出厂管理、质量验收管理、物料追溯管理、视频监控等子模块,涵盖了现场管理与工厂管理、保障了建设全过程数据共享与协同。

智慧工地平台辅助工地现场的环境管理、人员管理、AR 监控、设备管理、门禁管理,同时升级版对障碍物管理、交通流量管理、窨井盖管理、积水点管理、安全帽管理和电子围栏进行分析,实现智慧工地的智慧物联和智能管控。

运维平台(开发中)在资产管理、空间管理、安全管理、模型预览等多个维度对实施运维进行管理,通过监控、状态总览、能源数据等方面对运维层面进行数据分析,最终实现智能运维、绿色运维的运维效果。

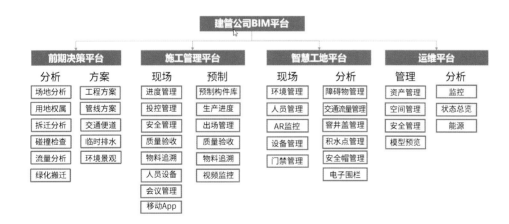

图 1 平台架构图

2.3 平台功能亮点

2.3.1 BIM 数据轻量化

依托自主开发的轻量化引擎,采用压缩简化、遮挡剔除、模型复用、曲面精细度调整,LOD 等算法,将大体量模型进行轻量化,降低了模型渲染的硬件资源消耗,增强了模型展示和操作流畅度的同时保持了信息数据的完整性。平台对模型的优化压缩比到(10∶1),确保了数据快速传输、加载和高速运行。同时还支持多专业 BIM 模型、倾斜摄影模型、GIS 数据、规划数据、土地数据的导入(图 2)。

图 2　轻量化模型示意

2.3.2　项目前期至施工一体化管理

项目前期管理系统将项目前期要素进行了整合,通过三维可视化,直观地可以看到目前土地动迁、绿化搬迁等基本信息及进度,每个地块均有土地性质、权属单位、联系人、协调过程、签约情况等,并配有汇总统计。过程中的实时信息及协调纪要可通过平台实时更新,实现了高质量信息查询。对权属单位还可进行星级评定,在方案初期选址可以避免低星级单位介入。项目前期管理系统展示见图 3。

绿化移交　　绿化搬迁　　房屋动迁　　土地征用

图 3　项目前期管理系统展示

2.3.3　数字大屏,总控中心

数字大屏建立了一套完整的项目信息管控中心——管理驾驶舱,并以文字、图表、视频等形式实时展示项目全线施工状况,使进度、安全、质量、人员、材料、设备、环境等方面的信息一目了然,真正实现足不出户便知工地事,实现对项目的实时监控与管理(图 4)。

2.3.4　以构件为核心的工程可追溯数据

通过构件管控汇总项目质量控制要点信息,将施工构件与检验批、监理旁站资料、物料进出场及使用信息关联,实现质量验收和物料管理的精细化、透明化,保证工程数据可追溯,便于后期责任追查(图 5)。

图 4　现场数字大屏

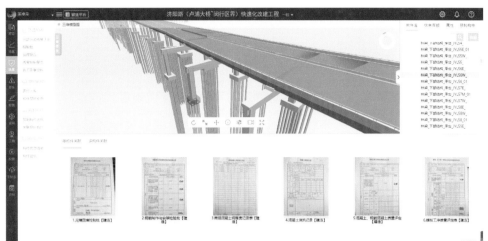

图 5　质量管理模块

2.3.5　数字巡检提升问题处理效率

数字巡检主要采用移动互联网、GPS 与云技术,结合平台 App 用于项目日常的安全、质量、进度问题的记录、分配、整改、复查的闭环管理,它提供了一个针对问题处理的多方协作平台,监理单位作为检查人记录问题,总包单位及班组作为整改人对问题进行整改反馈,然后监理单位对问题进行复查归档。"数字巡检"模块的开发与应用使工地检查效率大幅提升,责任动态落实到人,缺陷记录可追溯闭环。系统通过云管理平台导出的数据图表及统计报告,便于现场分析总结,制定下一步重点控制项目(图 6)。

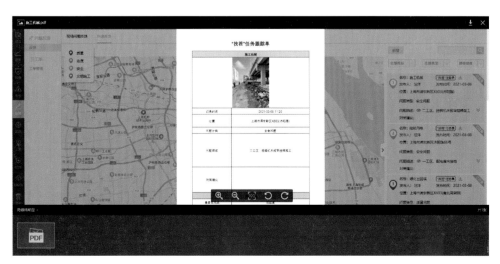

图 6　问题记录单

2.3.6　基于 BIM 的会议报告提高开会沟通效率

　　会议模块可以直接读取平台数据,自动生成会议报告。然后会议基于 BIM 平台开展,汇报的进度、质量安全等内容与 BIM 数据实时联动,并可关联三维模型,展示更加直观;会后根据会议报告自动生成督办任务,并与人员进行关联,发布任务通知和完成时限等。切实的使 BIM 数据落地现场管理,提升现场开会质量,缩短开会及会议内容制作时间。对于无纸化办公的推进也起到了一定作用,光龙东项目节约纸张就有 3 t 以上(图 7)。

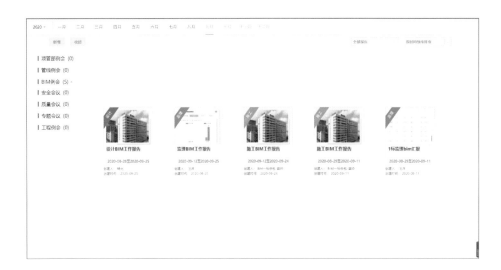

图 7　会议管理

2.3.7　基于监控＋AI 技术的现场管理

　　AI 智能算法通过对围挡外的监控视频进行分析,自动识别通车道路上井盖缺失、路面障碍物、围挡倒伏、护栏缺失等情况并进行远程报警,同时将报警信息推送给监理和施工管理人员进行及时处置,确保通车道路安全。还通过远程监控＋AI 智能算法,实现对高架桥梁临边及洞口作业人员的识别,在通过虚拟电子围栏后,平台立即发出警示信号,实时语音提醒施工人员注意安全,及时处置消除安全隐患(图 8)。

图 8　障碍物识别

2.3.8 数字门禁，人员实名制管理

门禁考勤管理系统集成了人脸识别技术、数据采集技术、数据存储分析技术。实现了每日入场人员实名制登记管理，实时信息显示场内人员，记录施工人员日常出勤等。有效控制了无关人员进出，结合特征识别技术，对进出施工安全通道的人员进行自动识别是否戴了安全帽，对违规行为自动进行语音提醒，提升施工人员主动安全意识。在疫情期间，平台率先应用人脸识别＋体温监测一体技术，对工地进出场工人进行体温检测，一旦出现预警事件，系统将自动提醒管理人员及时进行处理，目前门禁体温检测已实现疫情期间的常态化应用(图9)。

图 9　测温管理

2.3.9 环境监测，绿色施工

基于自动监测环境传感器，结合物联网和网络通信技术，对施工现场的扬尘浓度、噪声、风力等级进行前端监测，后台处理分析扬尘颗粒物浓度，当浓度超过设定值时自动启动区域喷雾设备，做到了现场数据实时监测和快速响应，及时有效控制了扬尘污染。同时对进出施工大门车辆进行特征识别和红外线高度监测，适时启动喷雾降尘设备，降低扬尘影响。当传感器监测到现场风力超过 6 级时，系统自动发出警示信号，提醒施工管理人员应禁止高空吊装作业。夜间施工时，当系统监测到现场噪声超过 55 dB 时，也将自动发出警示信号，提醒施工人员采取降噪措施来减少对周边居民的影响(图 10)。

2.3.10 预制构件信息化，管控全程化

预制构件管理模块以构件模型为基础，汇同设计、施工、驻场监理、混凝土构件厂和钢构件厂共同参与的信息化管理系统，依据 BIM 模型平台生成每个构件专属二维码，将预制构件的生产进度信息、安装检验信息、现场吊装信息等及时上传。使各参建单位快速查看构件属性，追踪构件生产进度、质量控制情况，实现对场外预制构件生产的全程管控(图 11)。

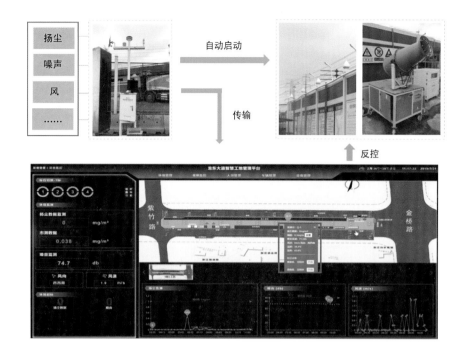

图 10　环境监测与喷雾系统

新增　修改　删除　全部生产状态　全部新增构件　批量导入

序号	构件名称	图纸	所属标段	新增时间	构件信息	状态
1	盖梁JYL60E		一标	2020-03-11	查看	生产完成
2	盖梁JYL60W		一标	2020-03-11	查看	生产完成
3	盖梁JYL59E		一标	2020-03-11	查看	生产完成
4	盖梁JYL59W		一标	2020-03-11	查看	生产完成
5	盖梁JYL58E		一标	2020-03-11	查看	生产完成
6	盖梁JYL58W		一标	2020-03-11	查看	生产完成
7	盖梁JYL57E		一标	2020-03-11	查看	生产完成
8	盖梁JYL57W		一标	2020-03-11	查看	生产完成
9	盖梁JYL56E		一标	2020-03-11	查看	生产完成
10	盖梁JYL56W		一标	2020-03-11	查看	生产完成
11	盖梁JYL55W		一标	2020-03-11	查看	生产完成
12	盖梁JYL55E		一标	2020-03-11	查看	生产完成
13	JYL69盖梁		一标	2019-12-31	查看	生产完成

< 1 2 3 4 5 6 > 跳转到　页

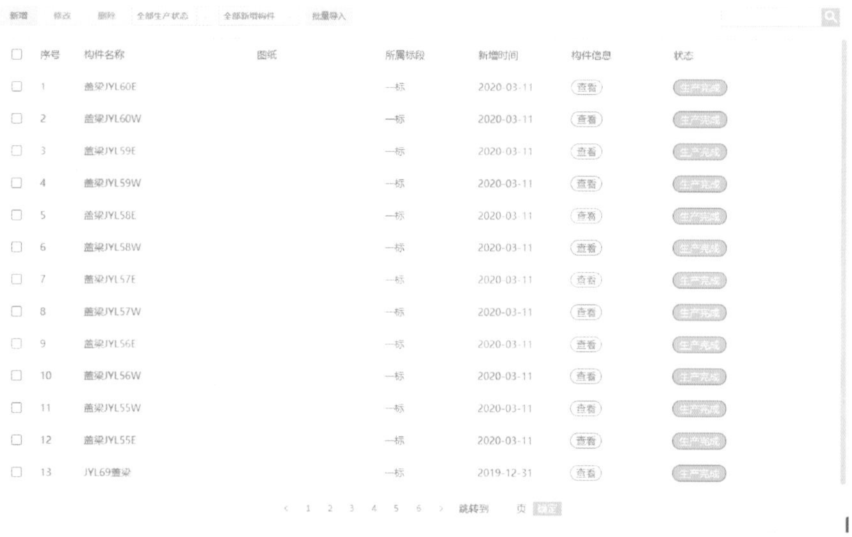

图 11　预制构件管理

2.4　平台优势

2.4.1　行业应用深度的优势

相比较国内其他企业，建管公司平台主要应用在市政工程领域，在市政工程领域的应用相对超前，在行业的竞争优势主要集中在：

(1) 在市政工程领域的行业标准符合度上，建管公司通过多个市政工程项目的 BIM 运用已经形成了一整套 BIM 运用标准，这些标准是通过上海市市政总院、上海市城建院、上海市浦东设计院等沪上主要的市政公司设计单位一起讨论形成，而该标准也已作为沪上主要市政设计单位主推的标准(图 12)。该标准是配合平台使用形成的,所以建管公司的平台也是在此标准体系下设计较早、应用较深的平台。

(2) 在市政工程落地应用的深度上,建管公司平台是按照市政工程施工流程进行划分管理的,基于最小检验批构件即最小施工部件进行施工过程的管理,相比市面上其他平台,建管公司平台管理粒度是最精细的。

(3) 在市政工程项目管理流程的灵活匹配度上,建管公司平台经过项目的验证,已在平台内内置了市政项目管理流程,可根据不同项目管理细度,灵活匹配流程。

图 12 市政工程领域标准

2.4.2 功能创新应用的优势

在项目现场实用性功能的创新上。使用平台对监理单位、施工单位工作任务进行侧面考核,并使用平台进行工程例会、项目工单的管理。这些功能加强了BIM 平台在实施中的落地。

在多平台功能的整合上。建管公司平台将与项目管理相关的所有信息系统进行了集成,项目管理功能通过一个平台入口进行操作,并将其他平台数据进行汇总,在一个平台里实现多项目管理系统的指标管控。

2.4.3 新技术与 BIM 融合

建管公司平台结合 5G、AI、云计算、物联网、无人机、大数据分析等技术,构建了智慧工地建设的管理方法与体系,为工程项目管理创新提供了新的解决方案。有效地实现工程管理各层面的要素可视化、数据的精准度以及管理的精细化等。

2.4.4 功能灵活可配置

平台的功能已形成模块化,平台的每个功能模块可根据不同项目的管理需求、不同项目的管理流程进行配置。市面上其他软件虽然也分不同版本,但每个版本的功能都是整套销售,项目上很可能会使用到多余的功能。建管公司平台每个功能均可灵活配置。

2.4.5 平台推广可复制

在平台推广上,平台研发开始就以企业级应用为目标,通过多个试点项目的实践和标准化制定以及灵活可配置的后台,使平台更加适用于工程管理,目前建管公司平台在市政类项目上不论是初设阶段还是施工阶段都具有高度的可复制性。

3 产品应用案例

3.1 济阳路(卢浦大桥—闵行区界)快速化改建工程

3.1.1 项目介绍

济阳路快速化改建工程位于浦东新区济阳路,是浦东新区首个采用预制拼装技术的高架项目,建设总投资 31.67 亿元,其中建安费 26.58 亿元。工程范围北起卢浦大桥,南至闵行区界,道路全长约 7.1 km,红线宽度 45~70 m。主要建设内容包括道路工程、桥梁工程、立交工程、雨污水排管等工程以及相应的绿化、照明等附属工程(图 13)。

图 13 济阳路快速化改建工程效果图

3.1.2 项目成效

(1)项目前期决策平台的可视化方案表达,方案论证更全面,协调时更快速,这提高了决策的科学性,使方案阶段的周期缩短 2 个月。

(2)基于 BIM 的关键工序模拟、合理规划施工方案,加速方案报批。

（3）施工管理平台从进度、质量、安全、物料、人员、设备、成本等多角度对项目进行监管,实现精细化的质量验收管理和全过程的成本管理,落实施工阶段的项目协同管理需求。

（4）通过预制构件系统的使用,提高了预制构件信息化,使设计、生产加工、施工标准化大幅提高。

（5）完善了企业市政类高架桥梁 BIM 相关标准。

3.2 龙东大道(罗山路—G1501)改建工程

3.2.1 项目介绍

龙东大道快速化改建工程为浦东新区政府投资项目,估算总投资金额约100 亿,是浦东新区综合交通"十三五"规划实施建设项目之一、上海市规划快速路网"一横三环十字九射"的组成部分。工程路线全长 14.76 km,全程高架化,预制拼装率达 95% 以上,建设内容为道路、桥梁、排水、照明、监控、河道、交通标志标线、绿化等市政配套设施。见图 14。

图 14 龙东大道快速化改建工程效果图

3.2.2 项目成效

前期平台完成了 10 多种设计模型和倾斜摄影数据的整合,对多种设计方案、建成效果进行了展示完成了方案与实际场景的比对,并协助设计方案的汇报,方便项目决策;直观分析出了土地利用情况、管线搬迁和绿化搬迁情况,并建立了对土地征用工作和搬迁工作的管理,确保项目顺利实施。

预制构件管控模块本着质量优先,及时协调为原则,对预制构件的下单、生产、养护、运输、吊装各个环节进行管控,可在实际生产中及时发现问题并解决问题。平台还通过二维码技术实现对预制构件的履历追查,方便预制构件的信息查询与定位,通过对预制构件的全环节管理,为工程顺利进行提供了信息化的保障。

　　智慧工地模块提升了市政道路桥梁工程智能化,平台利用物联网技术接入监测设备、监控设备、门禁设备等数据采集设备并进行大数据分析,其包括安全帽识别、环境扬尘监测、门禁进出情况、施工人员类型排查比对等,完善了施工现场的安全生产管控,提升了工程施工质量,提高了文明施工智能化的手段,全方位提升了工地管理的精细化程度(图 15)。

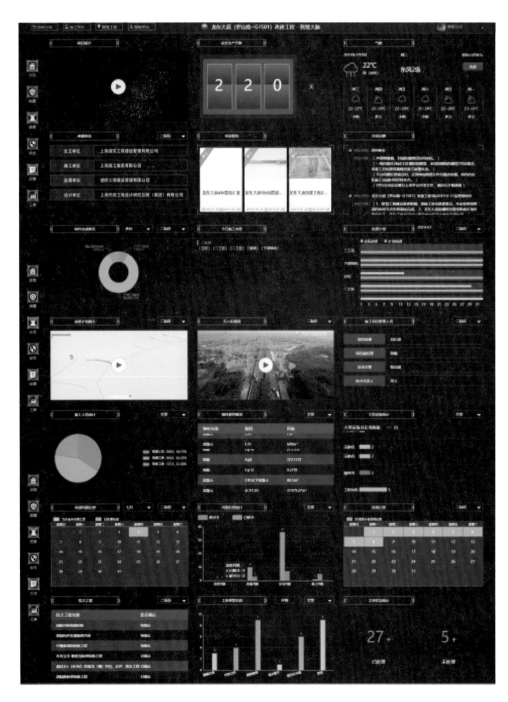

图 15　龙东大道数据大脑

4 总结与展望

1. 减少工期，加快进度

BIM平台将多专业模型进行整合并进行冲突分析，减少了施工项目中各专业的冲突，使设计方案错误更少、更优化并减少了因工期原因所造成的损失，从而加快了项目进度。

2. 有效控制造价和投资，提升投资控制力

基于BIM可精确计算工程量，快速准确提供投资可靠数据，还可提升造价管理的准确度。另外，BIM技术使项目减少返工和废弃工程，减少变更和签证，从而减少投资成本。这两方面都大幅提升业主方的投资控制力。

3. 有效提升项目质量和安全水平

通过BIM技术在施工前进行方案模拟，完善施工图纸，实现可视化交底和施工预演，来提升项目实施的科学性、可靠性；此外，用BIM对施工过程和项目关键点的管理，来提升项目全过程精细化管理水平。

4. 有效提高项目的协同管理能力

当前业主和开发商项目多，管理难度大，为保证项目顺利进行，提升项目的协同管理能力非常重要。BIM技术提供了最新、最准确、最完整的工程数据，供所有项目参与单位进行项目协同工作，减少项目沟通成本，提升项目协同管理效率。

5. 项目数据积累有利于企业级管理平台的建设

基于BIM技术的业主项目管理，可积累起企业级的项目数据，形成企业数据资产，为后续项目的开发提供大量高价值的数据。以多项目管理、多数据为基础，可建立起企业级的项目管理平台，提升项目综合管理和把控能力，提高企业的项目决策力。

6. 提升运维管理能力，降低运维成本

建筑的生命周期可达百年，运维成本是其造价成本的多倍。运用BIM的竣工模型，可为运维提供全面的建筑信息数据，这些数据可大幅度提升运维效率，降低运维成本。基于BIM的建筑、市政运维平台是大势所趋。

7. 提高企业收益，增加竞争筹码

BIM技术具有强大的数据支撑和技术支撑能力，为建筑企业项目的精细化管理和集约化管理带来非常大的价值，不仅提高了项目的管理水平，提升了企业整体信息化管理水平，同时树立了良好的业界口碑和形象。

5 展望

随着BIM技术在市政工程中的不断创新与发展，将会逐步促进现有生产力方式和传统管理模式的改变，BIM平台更要立足于科技前沿。结合新技术及市政工程的特点，以智能化、精细化、信息化为方向，为市政道路桥梁工程高效的管理方式提供服务,做到指导施工切实有效,为促进市政工程的"绿色建造·智慧管理"提供强有力的技术支撑。

(供稿人:徐业云　宋晓波　袁青峰　何　巍　蒋　剑　吴应鑫)

专家点评

优点:建管公司 BIM 信息管理平台从业主角度出发,结合项目管理的实际需求,以 BIM 平台为基础,在项目前期阶段和施工阶段开发了多项 BIM 技术应用,平台功能比较务实,在与项目各阶段的管理、协同、数据表达、新技术融合、标准建立等方面思考得较多。

(1) 基于 BIM 平台的应用标准和模型标准与市政工程契合度高。建管公司 BIM 平台在多个市政工程项目的 BIM 运用已经形成了一整套 BIM 运用标准,无论是在应用的深度上还是在应用的灵活度上,在市政类工程领域走在了 BIM 应用的前列。

(2) 应用需求务实落地,与工程项目管理结合应用意识较强。例如在质量管理、进度管理,工程例会管理、数字巡检,预制构件管控等方面的应用,有明确的要求与成熟的应用,且在过程管理中意识强,管理痕迹明显。

(3) 智慧工地的建立有深度、有特点。平台结合 AI、云计算、物联网、无人机、大数据分析等技术,构建了智慧工地建设的管理方法与体系,从人、机、料、法、环五要素入手,多维度,多方式地实现智慧工地管理应用,为工程管理提供了新的解决方案。

(4) BIM 应用效果明显,大大提高了项目在现场管理及对外沟通协调效率,有效地提高了现场进度、安全和质量的控制,提高了现场文明施工水平及效率。

建议:

(1) 深度总结项目 BIM 技术应用的经验,加强前期策划及项目全生命周期的 BIM 技术应用,逐渐完善企业级项目管理,为企业的数字化转型提供数据支撑。

(2) BIM 数据应用深度不足。虽然平台收集了很多工程数据,但是在信息的综合利用上略有不足。应用点还应从需求出发,综合考虑数据的应用,为工程管理提供更多的数据参考依据。例如结合平台数据进行进度纠偏分析,增强进度管理。结合设计变更分析变更原因,为今后工程实施提供经验。

(3) 希望继续探索基于新技术的数字工地建设,进一步打造"绿色建造、智慧管理"的工程,以创新驱动提升工程管理,实现可持续发展。

BIM 正向设计大赛概况

1. 正向设计概念

随着 BIM 技术的普及推广,正向设计理念逐步受到建设单位和设计单位的广泛关注,BIM 正向设计如何开展、应用价值如何体现一直是行业内最为关心的话题之一。

BIM 正向设计概念的产生,是基于目前市场上经常采用的 BIM 技术反向验证模式。先由设计单位提资二维图纸,后由第三方(BIM 顾问或 BIM 团队)转换为 BIM 模型再进行 BIM 技术应用,这种模式与设计流程相反,采用的是后验证的应用方式,所以称之为 BIM 技术反向验证的应用模式。BIM 正向设计则是由设计师直接应用 BIM 软件进行设计工作,与项目的设计流程一致,在设计过程中随时协同并解决以往由反向验证方式发现的问题。

BIM 正向设计流程是从建设工程项目设计阶段开始至施工图完成,整个设计流程和成果由 BIM 三维模型完成,采用数字化新技术对传统的 CAD 绘图模式进行升级,实现设计信息的参数化,提升协同工作与管理、信息传递效率,提高图纸准确性。

2. 大赛缘起

BIM 技术作为工程建筑行业信息化转型的核心要素,在国内经历了近 20 年的发展,由于标准缺乏、人员能力不足、成本及软件制约等因素的影响,始终未能真正达到在大范围推进从源头开始正向设计的全过程应用。

浦东新区作为 BIM 技术应用的排头兵和行业发展的示范区域,坚持敢闯敢试、先行先试的先驱精神,在本次浦东新区举办的"2020 浦东新区第三届 BIM 技术应用创新劳动和技能竞赛暨长三角区域邀请赛"中增设了 BIM 正向设计大赛。本着"搭平台、引企业、聚人才、解难题"的方针,以"建功新时代,当好主力军"为主旨,期望通过竞赛的形式为"正向设计"提供良好的发展环境,倡导设计与 BIM 技术的全面融合,为行业人员提供正向设计交流学习的机会,引领 BIM 技术发展新方向。

本次 BIM 正向设计大赛经过主办方的前期严格选拔,邀请了华东建筑设计研究总院、华东都市建筑设计研究总院、同济大学建筑设计研究院(集团)有限公司、生特瑞(上海)工程顾问股份有限公司、上海市城市建设设计研究总院(集团)有限公司、上海浦东建筑设计研究院有限公司、上海宝冶集团有限公司、上海建筑设计研究院有限公司、上海天华建筑设计有限公司、悉地国际设计顾问(深圳)有限公司等上海市最具技术实力的 10 家 BIM 设计单位参加。

3. 大赛赛题

本次"2020 第三届浦东新区 BIM 技术应用创新劳动和技能竞赛暨长三角区域邀请赛"——BIM 正向设计赛共设有三套试题。三套试题在原有设计任务书的基础上对部分功能用房进行不同形式调整;比赛现场通过抽签的形式选取最终赛题,参赛团队需根据现场提供的试题并结合 BIM 技术进行正向设计,最终完成各专业设计和 BIM 辅助设计优化的工作。

【模拟设计任务书】

因发展需要,拟扩建一座 9 层高的旅馆建筑(其中旅馆客房布置在二—九层)。基地东侧、北侧为城市道路,西侧为住宅区,南侧临城市公园。基地内地势平坦,有保留的既有旅馆建筑一座和保留大树若干,按要求设计并绘制总平面图和一、二层平面图,其中一层建筑面积 4 100 m²,二层建筑面积 3 800 m²。

本设计应符合国家相关规范的规定。其他设计条件可根据团队设计与制图时间、BIM 正向设计展示需要自行设定。

【设计深度】

建筑、结构专业应完成初步设计以上到施工图深度设计图纸,并结合团队实际情况和假定设计条件完成相应机电专业设计图纸;可结合设计开展设计阶段 BIM 应用。

【现场试题】

(1)在一层餐饮区增加一个特色餐厅,并配备特色餐厅厨房。

(2)在二层宴会区增加一个行政酒廊,与与宴会厅配套。

(3)功能用房、面积及要求详见功能用房调整说明部分。

主要功能关系图如图 1 所示。

4. 赛场风采

2020 年 9 月 29 日,10 支参赛团队总计 79 名行业内顶尖人才齐聚大赛现场,BIM 正向设计大赛正式拉开帷幕(图 2)。

此次大赛可谓是一场属于 BIM 行业的"华山论剑"。根据赛制,各参赛团队根据抽中的题目进行设计。大家齐力合作,各展所长,争分夺秒,把平面的试题转化成三维图形。由于涉及多专业设计,因此建筑、结构、暖通等专业大多基于项目中心文件同时作业,再由经验丰富的工程师对平面、空间等区域进行规划。

6个小时的时间确实紧凑,但在有限的时间里高效协同设计,比赛过程恰恰也是
BIM正向设计高效性优点的佐证(图3)。

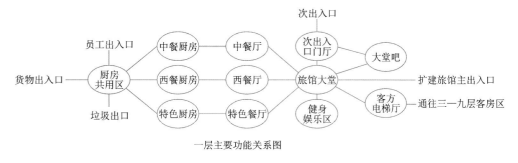

一层主要功能关系图

二层主要功能关系图

图1　各层主要功能关系示意图

图2　BIM正向设计大赛现场实况

图3　参赛团队现场进行设计任务拆解与全专业协同设计

满怀激情同台竞技,自信满满角逐荣誉。6个小时转瞬即逝,10支参赛队,一套参赛题,一个个正向设计的作品扑面而来(图4)。

图 4　大赛现场各参赛团队全力以赴

设计结束后,本着公平、公开、公正的原则,现场提交设计成果并按抽签顺序逐个展示参赛成果。各位工程师在展出优秀作品的同时,也展现了众多优秀企业在BIM正向设计这一块的思考和感悟。平日的积累和实践汇聚在这次的作品上,让现场所有人都感触颇多(图5)。

最后,来自中森设计、益埃毕集团等专业机构的专家对参赛作品从设计、审图和建模三个维度进行了点评,专家们对各参赛队在BIM应用深度、协调性和可出图性等方面的突出表现给予了充分肯定和高度评价。虽然这次的形式是比赛,但大家收获更多的是对BIM正向设计的交流和感悟(图6)。

图 5　参赛团队作品展示

图 6　现场专家点评

5. 成果集锦

【华东建筑设计研究总院】

华东建筑设计研究总院充分利用基地内保留树木及城市公园等景观资源,环绕中央绿化庭院,营造功能与景观设计合而为一的空间氛围。建筑立面采用玻璃、金属、石材、植被等材料刚柔结合。以人为本,构建了一个兼具商业性、文化性和时代感的现代高层旅馆。BIM技术设计应用内容包括:

(1)虚拟仿真漫游。

图7　设计效果图展示

(2) 设计方案比选。

(3) 面积明细表统计。

(4) 各专业施工图设计。

(5) 中心模型协同设计。

(6) 建筑能耗性能化分析。

(7) 室内性能化CFD模拟分析。

各专业BIM设计模型及室内温度场性能化分析部分成果展示如图8所示。

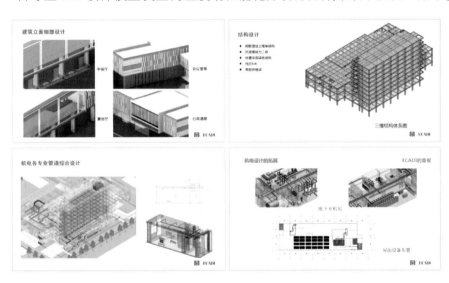

图8　各专业BIM设计模型(含地下室、设备机房拓展模型)

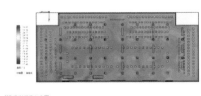

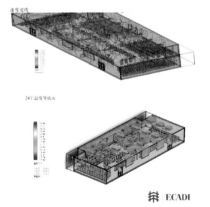

图9　室内温度场性能化分析成果模型

【华东都市建筑设计研究总院】

华东都市建筑设计研究总院的应用重点在于正向 BIM 建筑设计。城市内的空间资源宝贵,因此他们的设计策略是将古树、酒店、城市公园及保留建筑串联起来,从一栋建筑的建设升级为一片区域的提升,创造开放的绿色的适宜步行的景观环境。"古树"给了我们创造特定使用功能的可能性,围绕古树我们可以触摸生命的痕迹,叶生叶落形成不一样的空间体验(图 10)。

图 10　景观环境效果

酒店正入口是大堂和大堂吧,两侧采用超白透明玻璃,使得客户在下车的一刹那便融入以古树为对景的穿越空间。

立面设计:酒店立面采用简洁统一的白色石材幕墙。塔楼北向朝向古树的立面则采用较大玻璃面构成大树的框影,立面细节上基于区位环境模拟太阳辐射,日照轨迹,调整立面开窗的角度和大小,让夏季减少太阳热辐射,冬季引入太阳热辐射。通过风模拟得出:夏天东南风和南面窗户立面开窗凹槽正对,利于通风;冬天西北风被北立面竖向划分部分阻隔,利于保暖(图 11)。

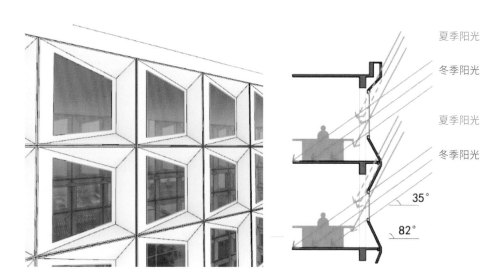

图 11　立面设计示意

此外,通过对太阳辐射量的分析,调整立面单元开窗造型,减少夏季进入室内光辐射,同时增加冬季进入室内光辐射,达到更好的节能效果图。

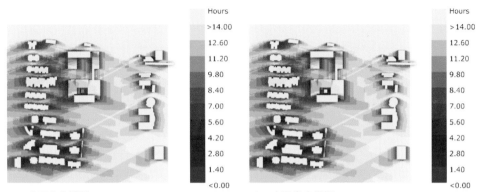

8 m高采光度模拟   18 m高采光度模拟   **图 12 采光度模拟**

针对古树日照的模拟分析调整优化庭院舒适度和古树采光时长,在保证古树 18 m 树冠获得基本采光情况下,实现夏季庭院的荫凉。立面单元则采用预制化立面构件,每个立面单元是集外围护、采光、遮阳、通风、夜景照明为一体的立面构件,既可以增加项目完成度,大大缩短工期,最小化对地铁和古树的影响同时节约人工费用。

【生特瑞(上海)工程顾问股份有限公司】

生特瑞(上海)工程顾问股份有限公司应用 Revit,Navisworks,Enscape 等软件进行协同设计。比赛过程中,首先对整体设计进行了统一把控,然后由对项目的平面及空间进行多专业的综合规划,再之后各专业设计师基于 Revit 项目中心文件同时作业。全专业模型设计完成以后,通过 Naviswork 进行碰撞检测,将各专业间的碰撞问题降至最低,最终运用 Enscape 进行渲染,更好地展示整体的项目设计(图 13、图 14)。

图 13 全专业模型展示

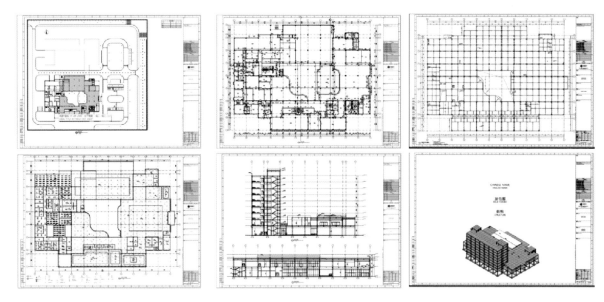

(a) 建筑结构图纸

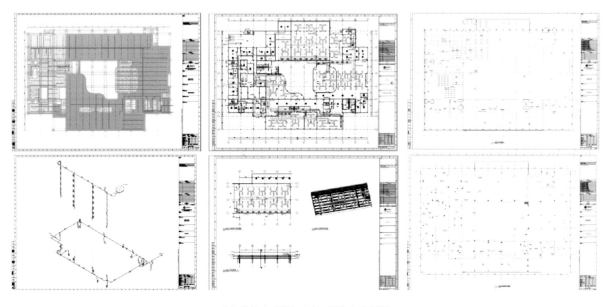

(b) 给排水、暖通、电气、消防专业图纸

图 14　基于 BIM 模型各专业直接出图

6. 总结与展望

　　三维正向设计是 BIM 的终极目的,这是所有从事 BIM 工作人员的共识。设计院作为建筑全生命周期的信息模型建立的源头,其设计成果承载信息的质量优劣与数量多少是后续建设行为能够顺利实施的关键。但从目前的 BIM 技术市场占有率来看,BIM 正向设计显然还有很长的一段路要走,也正因为如此,才需要 BIM 领域的先驱者孜孜不倦地探索,开创出属于中国建筑行业的 BIM 新时代。

　　相比国内 BIM 领域的其他竞赛,本次大赛不仅包含碰撞检查、净高分析、模型展示等常规应用,还创新性地要求将 BIM 技术融入到设计全生命周期的应用与实践当中,设计主导 BIM 应用得到充分的发挥和展现,设计成果体现 BIM 正向设计的先进性。本次大赛也必将推动上海市乃至全国正向设计的行业应用深化,促进工程建设行业信息化转型升级。"奋斗的青春最美丽",浦东新区将继续勇挑重担,在 BIM 行业发挥开路先锋、示范引领和突破攻坚的作用。

2020 浦东新区 BIM 技术应用创新劳动和技能竞赛暨长三角区域邀请赛光荣榜

现场建模市政组

一等奖

陆悦伟

二等奖

楼　幸　徐艺铭　张玖诚

三等奖

熊仕豪　苏　乾　郑水林　施文君　魏淑艳

现场建模房建组

一等奖

韩振宇　钱慧怡　杨衍清　丁志华　丁　鹏

二等奖

迟亦天　胡佳凯　张桓瑞　曹　昕　刘　慧　刘全辉
郜静平　严孝兴　郎建军　史明阳　许志杰　闫　函
夏醒世　兰　捷　万亮亮

三等奖

李佳书　柏　瑶　白子伦　朱明智　谢　鹏　李明新
余浩珉　张天生　石超俊　王志成　陆世龙　吴　冲
侯意彬　王　维　王星权　俞　露　夏正伟　郭翰生
陈皓宇　周晓艳　陶　然　狄昱丞　张　涛　李赛赛
段　孟

优秀软件

最佳设计协同管理平台奖(一等奖)

CBIM 项目运营及设计协同管理平台
申报单位:上海中森建筑与工程设计顾问有限公司
          中设数字技术股份有限公司

最佳图形引擎奖(一等奖)

黑洞三维图形引擎
申报单位:上海秉匠信息科技有限公司

佳作奖(二等奖)

SMEDI-CBIM 协同管理平台软件
申报单位:上海市政工程设计研究总院(集团)有限公司

BIM 档案挂接及图纸比对软件
申报单位:上海华筑信息科技有限公司

BIM 工程项目综合管理云平台
申报单位:上海凯云建筑工程咨询有限公司
          上海越霓建筑咨询有限公司

上海宝冶 BIM 协同平台
申报单位:上海宝冶集团有限公司

PIP3.0 同筑云一站式 BIM 建设管理平台
申报单位:上海同筑信息科技有限公司

基于 BIM 的建筑规划设计共享服务平台
申报单位:上海经纬建筑规划设计研究院股份有限公司
          北京理正软件股份有限公司

浦东建管公司 BIM 信息化管理平台 V1.0
申报单位:上海浦东工程建设管理有限公司

蓝色星球智慧工地平台软件 V2.0
申报单位:上海蓝色星球科技股份有限公司

特色应用方案

最佳方案奖(一等奖)

基于 BIM 的城市大型公共绿地开放空间智慧运营解决方案

主申报单位:上海浦东开发(集团)有限公司

联合申报单位:上海华筑信息科技有限公司

基于 BIM 的城市高架建设低影响解决方案

主申报单位:上海浦东工程建设管理有限公司

联合申报单位:上海市城市建设设计研究总院(集团)有限公司

上海浦东建筑设计研究院有限公司

上海浦兴路桥建设工程有限公司

上海公路桥梁(集团)有限公司

基于 BIM 的双曲面异形幕墙解决方案

主申报单位:中建八局装饰工程有限公司

基于 BIM 的交通基础设施安全监测管理解决方案

主申报单位:上海市建筑科学研究院有限公司

联合申报单位:上海振旗网络科技有限公司

基于 BIM 的医疗建筑建造运维一体化解决方案

主申报单位:上海建工四建集团有限公司

联合申报单位:上海浦东工程建设管理有限公司

基于 BIM 的超大型体育建筑改造解决方案

主申报单位:上海建筑设计研究院有限公司

创意方案奖(二等奖)

基于 BIM 的水厂深度处理解决方案

主申报单位:上海市政工程设计研究总院(集团)有限公司

基于 BIM 的无人驾驶技术在地下空间的解决方案

主申报单位:悉地国际设计顾问(深圳)有限公司

联合申报单位:上海昆晨科技有限公司

千寻位置网络有限公司

纽励科技(上海)有限公司

基于 BIM 的"疏浚船联网"智慧监管解决方案

主申报单位:中交上海航道勘察设计研究院有限公司

基于自主协同平台的二三维一体化正向设计解决方案

主申报单位:上海天华建筑设计有限公司

基于BIM的医院一站式后勤管理解决方案

主申报单位:上海今维物联网科技有限公司

基于BIM的智慧楼宇运维管理解决方案

主申报单位:同济大学建筑设计研究院(集团)有限公司

基于BIM的架空线入地及合杆整治勘测阶段技术解决方案

主申报单位:上海山南勘测设计有限公司

基于BIM的地铁支吊架技术解决方案

主申报单位:上海西慕建筑科技有限公司

入围奖(三等奖)

基于BIM的跨地铁桥梁施工解决方案

主申报单位:上海两港市政工程有限公司

基于BIM的三维模型可视化运用解决方案

主申报单位:上海市毕模建筑工程技术咨询有限公司

基于BIM的大学校区智慧建造解决方案

主申报单位:中铁十五局集团电气化工程有限公司

联合申报单位:上海必优项目管理咨询有限公司

基于BIM的市政路桥项目集成建设管理平台

主申报单位:海盐浦诚投资发展有限公司

联合申报单位:上海浦兴路桥建设工程有限公司
        上海宾孚数字科技集团有限公司

特色应用项目

一等奖

金鼎天地培训中心(金鼎天地 15-01 地块商办项目)

主申报单位:上海金桥(集团)有限公司(建设单位)

联合申报单位:同济大学建筑设计研究院(集团)有限公司(设计单位)

金桥智谷(金桥出口加工区 4-02 地块通用厂房新建项目)

主申报单位:金桥出口加工区联合发展有限公司(建设单位)

联合申报单位:上海焓建工程咨询有限公司(咨询单位)
        华东建筑设计院有限公司华东都市建筑设计研究总院(设计单位)

上海建工集团股份有限公司(施工单位)

浦东美术馆

主 申 报 单 位:上海陆家嘴(集团)有限公司(建设单位)

联合申报单位:上海慧之建建设顾问有限公司(咨询单位)

　　　　　　　同济大学建筑设计研究院(集团)有限公司(设计单位)

　　　　　　　上海建工一建集团有限公司(施工单位)

新开发银行总部大楼

主 申 报 单 位:上海世博建设开发有限公司(建设单位)

　　　　　　　华东建筑设计研究院有限公司(设计单位)

联合申报单位:上海建科工程咨询有限公司(咨询单位)

　　　　　　　上海建工集团股份有限公司(施工单位)

上海证券交易所金桥技术中心基地项目

主 申 报 单 位:上海上证数据服务有限责任公司(建设单位)

联合申报单位:华东建筑设计研究院有限公司(设计单位)

　　　　　　　中国建筑第八工程局有限公司(施工单位)

浦东新区航头拓展大型居住社区 01-03 地块租赁住房项目

主 申 报 单 位:上海兴利开发有限公司(建设单位)

联合申报单位:上海中森建筑与工程设计顾问有限公司(设计单位)

　　　　　　　中国建筑第八工程局有限公司(施工单位)

星空之境海绵公园 DBO 项目

主 申 报 单 位:上海港城开发(集团)有限公司(建设单位)

联合申报单位:中国建筑设计研究院有限公司(设计单位)

　　　　　　　中国城市发展规划设计咨询有限公司(设计单位)

　　　　　　　中国建筑第八工程局有限公司(施工单位)

张江科学会堂

主 申 报 单 位:上海张江(集团)有限公司(建设单位)

联合申报单位:上海建科工程咨询有限公司(咨询单位)

　　　　　　　华东建筑设计研究院有限公司(设计单位)

　　　　　　　上海建工一建集团有限公司(施工单位)

二等奖

上海图书馆东馆

主 申 报 单 位:上海图书馆(上海科学技术情报研究所)(建设单位)

联合申报单位:上海市工程建设咨询监理有限公司(咨询单位)

　　　　　　　上海建筑设计研究院有限公司(设计单位)

　　　　　　　上海建工四建集团有限公司(施工单位)

未来公园(艺术馆)项目

主申报单位:上海张江(集团)有限公司(建设单位)

中芯国际 12 英寸芯片 SN1 和 SN2 厂房建设项目

主申报单位:上海宝冶集团有限公司(施工单位)

上海纽约大学(前滩 45-01 地块)

主申报单位:上海前滩国际商务区投资(集团)有限公司(建设单位)

联合申报单位:上海鲁班软件股份有限公司(咨询单位)

上海建筑设计研究院有限公司(设计单位)

上海建工五建集团有限公司(施工单位)

港城广场建设项目

主申报单位:上海展博置业有限公司(建设单位)

联合申报单位:中国建筑第八工程局有限公司(施工单位)

浦东城市规划和公共艺术中心新建工程

主申报单位:上海浦东工程建设管理有限公司(建设单位)

联合申报单位:上海振旗网络科技有限公司(咨询单位)

上海建筑设计研究院有限公司(设计单位)

上海建工一建集团有限公司(施工单位)

融耀大厦(前滩 16-02 地块项目)

主申报单位:上海企荣投资有限公司(建设单位)

联合申报单位:上海秉科建筑工程咨询有限公司(咨询单位)

华东建筑设计研究院有限公司——华东建筑设计研究总院(设计单位)

上海建工一建集团有限公司(施工单位)

川沙新市镇 C08-18 地块征收安置房项目

主申报单位:上海市浦东新区房地产(集团)有限公司(建设单位)

联合申报单位:卡思傲建筑科技(上海)有限公司(咨询单位)

浦东新区保障房三林基地 06-01 地块

主申报单位:光明房地产集团第一事业部(建设单位)

联合申报单位:上海城乡建筑设计院有限公司(设计单位)

代建逸思医疗厂房项目(园区平台项目)

主申报单位:上海浦东康桥(集团)有限公司(建设单位)

联合申报单位:华东建筑设计研究院有限公司(设计单位)

上海建工五建集团有限公司(施工单位)

新发展 105# 项目

主申报单位:上海市外高桥保税区新发展有限公司(建设单位)

联合申报单位:上海浦凯预制建筑科技有限公司(咨询单位)

中国二十冶集团有限公司(施工单位)

轨道交通 14 号线蓝天路站地下链接疏散通道项目

主 申 报 单 位：上海金桥出口加工区开发股份有限公司（建设单位）

联合申报单位：上海禹创工程顾问有限公司（咨询单位）

中铁二院华东勘察设计有限责任公司（设计单位）

三等奖

前滩 10-01 地块（办公及住宅）项目

主 申 报 单 位：上海江高投资有限公司（建设单位）

联合申报单位：上海慧之建建设顾问有限公司（咨询单位）

上海一测建设咨询有限公司（代建单位）

上海建工七建集团有限公司（施工单位）

源深路 1111 号研发楼项目

主 申 报 单 位：上海浦东土地控股（集团）有限公司（建设单位）

联合申报单位：中国建筑第八工程局有限公司（施工单位）

轨道交通 16 号线周浦东站 07-05 地块配套小学新建工程

主 申 报 单 位：上海周浦新城建设镇开发有限公司（建设单位）

联合申报单位：上海浦东建筑设计研究院有限公司（设计单位）

临港新城老年养护院新建工程

主 申 报 单 位：上海市浦东新区民政局（建设单位）

联合申报单位：上海浦东建筑设计研究院有限公司（设计单位）

前滩九宫格 41$^\#$，42$^\#$，47$^\#$，53$^\#$ 地块住宅项目

主 申 报 单 位：上海陆家嘴（集团）有限公司（建设单位）

联合申报单位：上海舜谷建筑工程技术有限公司（咨询单位）

上海建津建设工程咨询有限公司（代建单位）

上海天华建筑设计有限公司（设计单位）

上海建工七建集团有限公司（施工单位）

大团镇 NH020201 单元 16-02 地块动迁安置房项目

主 申 报 单 位：上海东旭置业有限公司（建设单位）

联合申报单位：上海禹创工程顾问有限公司（咨询单位）

张江国际社区人才公寓（二期 10-01）项目

主 申 报 单 位：上海张江（集团）有限公司（建设单位）

联合申报单位：上海中建建筑设计院有限公司（设计单位）

康桥工业区 E08A-04 地块动迁安置房项目

主 申 报 单 位：上海周康房地产有限公司（建设单位）

联合申报单位：上海南汇建工建设（集团）有限公司（施工单位）

外高桥新市镇 E04-06 地块动迁安置房项目

主申报单位:上海外高桥新市镇开发管理有限公司(建设单位)

联合申报单位:上海浦凯预制建筑科技有限公司(咨询单位)

森兰外高桥 A2-3 建设项目

主申报单位:上海外高桥集团股份有限公司(建设单位)

联合申报单位:上海建工五建集团有限公司(施工单位)

惠南镇东南社区 06-01 动迁房项目

主申报单位:上海周房置业有限公司(建设单位)

联合申报单位:上海南汇建工建设(集团)有限公司(施工单位)

海尚云栖中心项目

主申报单位:上海海瑄置业有限公司(建设单位)

联合申报单位:上海宝冶集团有限公司(施工单位)

张家浜楔形绿地金葵路(金镇路—金港路)、金湘路(锦绣东路—云顺路)新建工程

主申报单位:上海浦东土地控股(集团)有限公司(建设单位)

联合申报单位:毕埃慕(上海)建筑数据技术股份有限公司(咨询单位)

上海东旭置业有限公司(代建单位)

BIM 技术在上海地铁锦绣东路站的应用

主申报单位:上海申通地铁集团有限公司(建设单位)

联合申报单位:中铁上海工程局集团有限公司(施工单位)

入围奖

浦东新区青少年活动中心及群艺馆

主申报单位:上海浦东工程建设管理有限公司(建设单位)

联合申报单位:同济大学建筑设计研究院(集团)有限公司(设计单位)

浦东新区黄浦江沿岸 E10 单元 E08-1 地块商业办公项目

主申报单位:上海环江投资发展有限公司(建设单位)

联合申报单位:上海联创设计集团股份有限公司(设计单位)

轨道交通 16 号线周浦东站 07-08 地块配套幼儿园新建工程

主申报单位:上海周浦新城镇开发有限公司(建设单位)

联合申报单位:上海禹创工程顾问有限公司(咨询单位)

祝桥镇江镇社区 E2-1 地块动迁安置房项目

主申报单位:上海陆川房地产开发有限公司(建设单位)

联合申报单位:上海越霓建筑咨询有限公司(咨询单位)

上海城乡建筑设计院有限公司(设计单位)

正向设计赛

一等奖

华东都市建筑设计研究总院

领队:余 飞

成员:于军峰 张琼芳 杨 慧 张文军 李佳书 张 涛 童 幸 李 涌

华东建筑设计研究总院

领队:张凤新

成员:孙 璐 袁旭旸 石晏榕 杨 琦 凌 吉 范保胜 倪佰洋 许云峰

二等奖

生特瑞(上海)工程顾问股份有限公司

领队:金文昊

成员:李 桓 钱汪琦 王诗月 张殿辉 蔡怡欣 陈 强 汤丽丽

同济大学建筑设计研究院(集团)有限公司

领队:王凌宇

成员:马鹏超 宋妮蔓 刘 慧 汪宵缘 邓玉宇 贾 敏 钟志彦 张陆陆

上海市城市建设设计研究总院(集团)有限公司

领队:李卫东

成员:徐漪雯 李旖旎 许腾飞 范兴家 宋 琳 王 洵 李 慧 吴文高

三等奖

上海浦东建筑设计研究院有限公司

领队:李孟矫

成员:盛棋楸 施丁平 畅 印 成 梁 高 敏 陈 红 倪添豪 樊思成

上海建筑设计研究院有限公司

领队:谢 维

成员:包静龙 滕 起 苏 庆 孙 杰 钱洪亚 高海燕 苗 峰

上海宝冶集团有限公司

领队:杨 娜

成员:冉学政 裴少帅 林闪宇 钱 雯 靳义图 王跃武 李 宁 杜 双

上海天华建筑设计有限公司

领队:白小璞

成员:邓 勇 刘 伟 郑开满 吴亮亮 徐梦宇 夏 勉 张志奇 李云华

悉地国际设计顾问(深圳)有限公司

领队:张 燕

成员:莫和君 尚 明 杨必峰 徐力钧 王 健 佟丽娟 张 帅 林 江

优秀组织单位

上海浦东发展(集团)有限公司
上海张江(集团)有限公司
上海浦东开发(集团)有限公司
华东建筑设计研究院有限公司
中国建筑第八工程局有限公司

优秀组织者

李炜琳　牛　雨　应坚国　彭彬峰　王慧毅　贺宇凡
周　磊　宋从伟　徐　勇　黄海丹　刘　凡　张　泓
孙　璐　张东升　翟昌骏　顾晓宇　张　菡　陆子易

大赛组织机构

指导单位：上海市总工会

主办单位：上海市浦东新区总工会
上海市浦东新区发展和改革委员会
上海市浦东新区科技和经济委员会
上海市浦东新区财政局
上海市浦东新区建设和交通委员会
中国(上海)自由贸易试验区临港新片区管理委员会
上海国际旅游度假区管理委员会
中国(上海)自由贸易试验区管理委员会保税区管理局
中国(上海)自由贸易试验区管理委员会陆家嘴管理局
中国(上海)自由贸易试验区管理委员会金桥管理局
中国(上海)自由贸易试验区管理委员会张江管理局
中国(上海)自由贸易试验区管理委员会世博管理局

承办单位：上海浦东发展(集团)有限公司工会委员会(简称"浦发集团工会")
共青团上海浦东发展(集团)有限公司委员会(简称"浦发集团团委")
上海市浦东新区建筑信息模型应用技术协会(简称"BIM协会")
上海浦东工程建设管理有限公司(简称"建管公司")

协办单位：上海市浦东新区建设工程设计文件审查事务中心(简称"审查中心")
上海市浦东新区市政工程建设事务中心(简称"市政中心")

技术指导：上海建筑信息模型技术应用推广中心(简称"市BIM中心")

点评专家简介

（按姓氏笔画为序）

丁岳伟

上海理工大学光电信息与计算机工程学院教授，曾任上海理工大学计算机工程学院院长、中外计算机科学与技术合作项目负责人；上海医疗器械高等专科学校副校长。主要从事计算机网络应用、信息安全、电子政务、软件工程和CMM等方面的研究和教学工作。主持并参加了国家自然科学基金、上海市自然科学基金、上海市重点攻关、科委软课题、发展基金等多项项目。发表论文100余篇，撰写教材及专著6本，获得发明专利多项。

卢昱杰

同济大学土木工程学院教授、博士生导师、青年百人计划A岗。曾任新加坡国立大学助理教授（Tenure-track）、美国马里兰大学博士后。现受邀担任工程管理多本学术期刊 *Automation in Construction*、*Journal of Management in Engineering*、*Construction Management and Economics* 编委及中华建设管理研究会青年工作委员会副负责人，曾为24本国际期刊、10个国际会议和3个国际比赛的科学评审组成员。

应宇垦

上海慧之建建设顾问有限公司创始人、技术总监，上海市建筑信息模型技术推广中心专家、上海市浦东新区建筑信息模型应用技术协会专家委员会成员；并担任《BIM总论》副主编，《上海市岩土工程信息模型技术标准》编委，曾参与和主持上海申通轨道交通BIM标准、BIM课题，陆家嘴股份BIM标准和应用调研等企业级BIM研究和推广工作。

庞学雷

光明集团资产经营管理有限公司总工程师、教授级高级工程师，上海BIM技术应用推广中心副秘书长、上海市BIM资深专家与高评委成员，上海市劳动模范。在国家级知名杂志上发表多篇BIM专论，总结了BIM技术具有跨专业、跨流程、跨时空的特点与优势；基于长期丰富的项目管理经验，创导由业主主导的BIM技术应用体系，为精细化、数字化和专业化项目管理提供了良好的示范。曾担任上海申迪建设有限公司总工程师，负责上海国际旅游度假区（上海迪士尼）基础设施与建筑的技术和项目管理。35年项目建设管理与设计、施工、咨询及房产开发经验，涉及：各类建筑、桥梁、道路、雨污水系统与大型泵站、灌溉系统、污水处理、河湖设施、岩土、景观绿化与土方工程等。

张东升

2009年毕业于同济大学建筑与城市规划学院，建筑学硕士，同济大学建筑设计研究院（集团）有限公司BIM技术事业部副主任。上海市建筑学会BIM专业委员会副理事会员，上海市浦东新区建筑信息模型应用技术协会专家委员会成员,参与编著《建筑工程设计信息模型制图标准》《建筑信息模型设计交付标准》《建筑信息模型应用标准》等多本国家、地方及行业规范。从事 BIM 相关工作 12 年,负责上海中心大厦、上海国际旅游管理中心、SOHO 古北、静安大厦等项目的 BIM 设计工作,在方案设计、数字化设计方面有独特的见解,具有丰富的建筑理论与设计经验。

谢雄耀

同济大学土木工程学院副院长,教授,国家万人计划科技创新领军人才。中国岩石力学与工程学会常务理事及青年工作委员会主任,中国城市轨道交通协会常务理事,上海市浦东新区建筑信息模型应用技术协会会长。长期从事隧道与地下工程等方面的研究与重大项目的咨询工作。主持国家自然科学基金重点项目等国家及地方课题 70 余项,曾获得国家科技进步奖二等奖 1 项,省部级科技进步奖一等奖 5 项等 20 余项科技奖励。

后 记

　　《BIM 大赛获奖作品全案精解》(以下简称《案例集》)付梓在即,借此机会感谢大赛组委会的大力支持,感谢各参赛单位、编委会相关机构及相关人员所付出的辛勤努力。

　　编撰《案例集》的初心,一是对浦东新区 BIM 技术劳动竞赛的部分获奖项目进行展示,以延续大赛的社会影响力;二是为行业同仁提供可资借鉴的应用范本,促进 BIM 技术应用的行业交流;三是提升获奖单位的荣誉感和自豪感,促进更多的建设单位推广应用 BIM 技术。

　　《案例集》编撰涉及的知识产权问题,同济大学出版社给予了专业的指导,尊重每个案例部分的内容,包括《案例集》使用的人物照片,其版权均归属供稿者。

　　《案例集》工作涉及 24 篇文章的供稿者,为统一内容、减少修改的工作量,专家在策划之初特意制定了样稿撰写指南,保障了稿件的统一性。

　　《案例集》邀请了 6 位浦东 BIM 协会专委会的行业专家,基于案例供稿的内容进行了专业、精彩的点评。

　　《案例集》的组织工作相当繁杂,浦东 BIM 协会在同济大学出版社和相关协助单位的帮助下精心组织,各供稿方也付出了很大的努力。

　　《案例集》的出版,得到了浦东新区总工会、建交委相关领导的关心和支持,得到了同济大学出版社的精心指导。

　　对于浦东 BIM 协会而言,这是第一次尝试,尽管付出了艰苦的努力,缺点和错误依然在所难免,挂一漏万,还望各方海涵。我们希望《案例集》的出版能够随着 BIM 大赛的举办一年一年地延续下去,为行业的发展和 BIM 技术应用推广尽绵薄之力。

编者

2021 年 5 月 31 日